胜者谋略

戚风———— 著

苏州新闻出版集团
古吴轩出版社

图书在版编目（CIP）数据

胜者谋略 / 戚风著. -- 苏州 ：古吴轩出版社，
2024.3
ISBN 978-7-5546-2300-8

Ⅰ．①胜… Ⅱ．①戚… Ⅲ．①成功心理－通俗读物
Ⅳ．①B848.4-49

中国国家版本馆CIP数据核字（2024）第018421号

责任编辑：顾　熙
策　　划：马剑涛　周建林
装帧设计：尧丽设计

书　　名：胜者谋略
著　　者：戚　风
出版发行：苏州新闻出版集团
　　　　　古吴轩出版社
　　　　　地址：苏州市八达街118号苏州新闻大厦30F
　　　　　电话：0512-65233679　　邮编：215123
出 版 人：王乐飞
印　　刷：唐山市铭诚印刷有限公司
开　　本：670mm×950mm　　1/16
印　　张：14
字　　数：143千字
版　　次：2024年3月第1版
印　　次：2024年3月第1次印刷
书　　号：ISBN 978-7-5546-2300-8
定　　价：56.00元

胜者谋略

戚风————著

苏州新闻出版集团
古吴轩出版社

图书在版编目（CIP）数据

胜者谋略 / 戚风著. -- 苏州 ：古吴轩出版社，
2024.3
ISBN 978-7-5546-2300-8

Ⅰ．①胜… Ⅱ．①戚… Ⅲ．①成功心理－通俗读物
Ⅳ．①B848.4-49

中国国家版本馆CIP数据核字（2024）第018421号

责任编辑：顾　熙
策　　划：马剑涛　周建林
装帧设计：尧丽设计

书　　名：胜者谋略
著　　者：戚　风
出版发行：苏州新闻出版集团
　　　　　　古吴轩出版社
　　　　地址：苏州市八达街118号苏州新闻大厦30F
　　　　电话：0512-65233679　　　邮编：215123
出 版 人：王乐飞
印　　刷：唐山市铭诚印刷有限公司
开　　本：670mm×950mm　　1/16
印　　张：14
字　　数：143千字
版　　次：2024年3月第1版
印　　次：2024年3月第1次印刷
书　　号：ISBN 978-7-5546-2300-8
定　　价：56.00元

如有印装质量问题，请与印刷厂联系。022-69236860

中华民族源远流长，其间发生了无数荡气回肠的历史故事，也涌现出众多智谋超群的历史人物，如孙武、鬼谷子、张良、诸葛亮等。他们通过自己超乎常人的智慧，或调虎离山，或瞒天过海，或以假乱真，或避实击虚，等等，在神州大地上纵横捭阖，谱写成一首首壮丽的诗歌。从事政治、军事、商业等领域的人都非常重视对谋略的学习。不学谋略，则与庸人无异。

人生有三种境界：见自己，见众生，见天地。谋略作为一种工具，同样可以从这三个境界给我们提供帮助，因而就产生了三种境界的谋略，层次越高，谋略越深。

谋略的第一层境界：见自己。不管是从政，还是经商，又或者只是做一个普通人，我们都可以使用智谋改善人际关系，躲避明枪暗箭，让自己的生活和事业更上一层楼。此等境界的谋略，更侧重于"术"的层面。

谋略的第二层境界：见众生。为自己谋小利，只能满足我们的基本生活需求。然而人活一世，应当有更高境界的追求。谋略的背后，其实反映的是人性，学习谋略，就是了解人性、利用人性的过程。智谋可以成就自己，也须造福众人。为解民倒悬而谋划，才是真正的目光远大。此等境界的谋略，更侧重于"势"的层面。

谋略的第三层境界：见天地。在不同的人生境界中，我们对事物的认知也会随之改变。勘破人性，超越利益的桎梏，摆脱凡尘俗世的困扰，才能看见天地之道。于是明白人生应当像水，"利万物而不争"，唯有提升个人的德行和修养，方能获得完满的人生。此等境界的谋略，已经进入"道"的层面。

时间的长河奔流不息，人类的生活条件发生了翻天覆地的变化，然而前人总结的谋略智慧，至今仍有参考的价值。作为一个普通人，我们可以不用谋略，但不能不懂谋略。无论是在生活中，还是在工作中，谋略都可以帮助我们化解人际矛盾，解决工作难题，从而走出人生的困境。

谋略就像一把利剑，可以伤人，却也可以伤己。庄子说："且以巧斗力者，始乎阳，常卒乎阴，泰至则多奇巧。"意思是，有的人看起来很聪明，却总爱算计别人，坑害别人眼睛都不眨一下，然而算计得多了，总有一天会算计到自己头上。因此，对于谋略，我们应该学习，但是应该慎用。

本书主要取材于中国古人的智谋故事，此外还有一些当代的商业竞争事例，以及少量外国人士的故事，从多个角度阐释智谋的运用，希望能够帮助读者开阔视野、提升格局，从而成就事业。

目录
CONTENTS

第一章

格局——决定命运的
制胜之道

做人，最重要的是格局。不懂格局，就不可能找到正确的谋略，必将错失良机。一个人能够取得多大的成就，关键并不在于拥有了多大能力，把握了多少机会，而在于人生的格局是否大。格局大的人，凡事深谋远虑，顺势而为，勇于承担责任，他们不会心胸狭隘，而是具有常人所不具备的远见，最终能登上人生的金字塔顶。

1
张良：格局，决定一个人的结局

人的一生十分短暂，大多数人只是遵循现有的秩序，浑浑噩噩地过完这一生。真正能够让我们跳出藩篱，改变自身命运的，不是金钱，也不是权力，而是格局。这个世界上永远不缺聪明人，真正缺的是拥有大格局的人。

格局，是一个人的眼界和胸怀。格局高的人，总是能够为众人指明前进的方向，成为人群中的先行者。正如戴尔·卡耐基所说："一个人的成功，只有百分之十五归结于他的专业知识，另外的百分之八十五要归结于他表达思想、领导他人及唤起他人热情的能力。"

格局高的人，不会只盯着局部，而是着眼于全盘，预测事情接下来的走向，因此他们总能采取正确的战略和谋略，从一开始就高竞争对手一个段位。老子说："上善若水，水善利万物而不争，处众人之所恶，故几于道。"真正聪明的人，能够看清事物的本质，水的天性是向低处流淌，虽在低位，反而占据了战略制高点。你或许在短时间内处于劣势，但是水向低处流的趋势不会改变，最终的成功一定是属于你的。

格局高的人，心胸肯定也是宽广的，因为他知道世界的浩渺，也懂人生的无常，所以总是以谦虚、谨慎的态度对待人生，以宽容大度的态度对待他人。兼容并蓄，集众人之智慧和力量。在小事上不纠结，在大事上不糊涂，始终朝着胜利的方向稳步前进。这样的大格局之人，当然是能成大事的。

若是格局不高，封闭了自己的眼界，只能看见眼前的蝇头小利，那么这个人注定难成大事。即便侥幸取得了一些成就，也很难保持下去。

[张良受书]

公元前230年，秦始皇挥师东进，攻灭了韩国，紧接着又接连攻灭了赵、魏、楚、燕、齐王国，将天下收入囊中，于公元前221年建立了中国历史上第一个大一统王朝——秦朝。然而秦始皇的功绩，对于六国之人来说，却是亡国的耻辱，家仇国恨给他们带来了无法磨灭的痛苦，他们时刻想要报仇。这其中就有一个叫张良的人。

张良，字子房，出身贵族世家，祖父和父亲都曾担任韩国宰相。韩国灭亡之后，张良的家也破败了，其父眼见韩国灭亡而无力回天，含恨而亡。从那时起，张良就立志报仇。他散尽家财，找到了一位大力士，又打造了一柄重达一百二十斤的大铁锤，寻找时机刺杀秦始皇。

很快，他找到了机会。公元前218年，张良得知秦始皇巡游各地，即将路过阳武县（今河南省原阳县东南）。于是，他和大力士提前埋伏在秦始皇的必经之地——博浪沙（古地名）。等到秦始皇的巡游车队抵达时，大力士举起铁锤，向着车队中最豪华的那辆车扔了过去，结果失误打到从属的车上。秦始皇对此事十分恼怒，下令全国缉捕刺客。张良只好改名换姓，躲藏到下邳（今江苏省睢宁北）。

有一天，张良在下邳闲游，路过圯桥，遇见一位衣衫褴褛的老者。老者故意将鞋丢到桥下，然后叫住了张良："小子，给我把鞋捡上来。"张良感到十分诧异，但他还是强忍着心中的怒火，下去把鞋捡了上来，恭敬地递给了老者。老者又说道："给我把鞋穿上。"张良心想既然已经给他取上来了，那就再忍耐一下给他穿上吧。张良做完这一切后，老者点点头，说道："孺子可教矣。"然后，老者约张良在五天后的凌晨，再到桥头相会。

五天后，鸡鸣时分，张良按照约定来到桥上。谁知老者已经先到了，他生气地斥责道："与老人相约，你怎么迟到呢？五天后再来。"五天后，张良提前出发，不料老者又先到了那里。第三次，张良索性半夜就到了桥上，等了一会儿，老者才过来。老者很高兴，他拿出了一卷书，交给张良说："熟读此书，可以做帝王的老师。十年后天下大乱，你可用此书兴邦立国。十三年后，你到济北谷城山下见到的黄石，便是老夫。"说罢，那位老者就离去不见了。

张良接过一看，原来是《太公兵法》。从此，张良日夜研读，知道了很多修身治国的道理，成为一个深明韬略、足智多谋的人，辅助刘邦建立了汉朝，被后人尊称为"谋圣"。

制胜谋略

张良受书的故事，历来为人所津津乐道。人们看到的是一代谋圣获得高人指点，最终飞黄腾达的经历。黄石公预测秦朝末年天下大乱，又能慧眼识英才，其出神入化的智慧也让人无比神往。然而人们在谈及这一故事时，却往往将其视为神怪传闻，忽略了其中朴素的大智慧。

苏轼曾说，张良受书的故事，确实很有传奇色彩，但是他认为黄石公的真正用意不是传授兵法，而是通过捡鞋和相约等一系列行为，教导张良提升自己的格局。当时的天下已经被秦国统一，大秦的铁骑统治着华夏大地，刺杀秦始皇不过是逞匹夫之勇，不会对形势造成任何改变，反倒会让自己陷入极其危险的境地。

真正拥有大格局的人才，不应该这样丢掉性命。张良聪慧过人，本应该像伊尹、姜子牙那样匡扶天下，反倒像荆轲、聂政那样做出行刺的下策，这是黄石公甚为惋惜的。因此，黄石公故意羞辱张良，磨炼张良的性子，最后张良果然没有辜负黄石公的期望，所以黄石公才说"孺子可教矣"。

2 张英：利他哲学——渡人才能渡己

一些人认为，人的本性就是自私的，因此活在这个世界上，必须事事为自己考虑，甚至"人不为己，天诛地灭"。然而中国传统哲学中还有一种思想——我为人人，人人为我。这就是"利他哲学"。

考虑自身利益，当然是必要的，这是我们作为动物的本能，但是在利己的同时，也要给别人留下生存的空间。如果只考虑自己的利益，不在乎别人的利益，轻则被人指责"吃相太难看"，重则将对方逼上梁山，成为我们的死对头。

如果我们总想损人利己，大家就会时刻提防我们，这样我们的路就会越走越窄。相反，秉持着利他的原则，让人们看到与我们交往有益无害，那样才能赢得别人的尊重和爱戴。这是一个良性的循环。

利他哲学，通俗地来说，是在不损害自身利益的前提下，尽可能地满足他人的利益。比如，你是一个商人，你不可能把东西免费送人，但也应该做到诚信经营，不缺斤短两，遵从商业规则。你从客户那里获得利润，客户也获得了良好的消费体验，这是一个双赢的局面。

当然，利他也应该有底线和原则；如果没有底线和原则，就会变成滥好人，虽有同情心，却并不明智。我们应该帮助那些值得帮助、懂得感恩的人。

亚里士多德曾说："人是社会性动物。"我们身处人类社会，一边在努力工作，为他人提供服务，一边也在享受别人提供的便利。心存善意，合作共赢，人生之路才会一路通畅。

[六尺巷]

中国有句老话："远亲不如近邻。"作为邻居，每天低头不见抬头见，处理好关系非常重要。但在现实生活中，有很多近邻因为利益而发生矛盾，彼此互不相让。六尺巷的故事就是教人如何处理邻里关系的。

康熙年间，安徽桐城发生了一件邻里纠纷案件。其中一方姓吴，是当地的富户；另一方则是张家，家里有个叫张英的人在京城做官。两家的宅子只有一墙之隔，由于年代久远，在产权上有了纠纷。吴家想翻盖新房子，说墙是吴家的，而张家认为墙是张家的，于是两家人为此发生了争执，双方都不肯妥协，一直闹到县衙。

由于双方都是名门望族，县官也不敢轻易断案。

于是，张家人写了一封家书，派人赶到京城送给张英，请张英给官府施压。在那个通信十分不便的年代，收到千里家书，张英应该是十分激动的，但是信件的内容却让他哭笑不得。他当即回到书房，写了一首诗："千里修书只为墙，让他三尺又何妨。万里长城今犹在，不见当年秦始皇。"然后便让人送回安徽。

张家人收到信以后，放弃了争执，并且多让出了三尺地。看到张家的举动，吴家人也冷静了下来，他们钦佩张英的胸怀，于是也主动让出了三尺，形成了一个六尺宽的巷子。从此，两家人再也没有发生过争吵。

制胜谋略

张英位高权重，有很多种办法帮助家人赢得官司，但他没有滥用自己的权力，反而主动退让，把利益让给对方。这样的大度也感动了对方，最终换来了两家的世代和睦。如今，这条六尺巷仍旧存在于安徽省桐城市，被作为一个邻里和睦相处的典范保留了下来。

张英的做法，并不是懦弱的表现，而是一种利他哲学。张英很清楚家人生活富足，不值得为了一堵墙与人结怨，宽容和理解比争吵更有价值。

　　事实上，我们在生活中经常会遇到这种博弈，城市里的红绿灯就是一个很好的例子。遇到红灯时，我们必须停下脚步，让别人通行。红绿灯的出现，建立了井井有条的出行秩序，我们在为别人的通行提供便利时，也在享受着这种交通秩序带来的便利。设想一下，假如城市里没有红绿灯，所有人只顾自己通行，完全不看别人，稍不注意就会发生交通事故，那该是一种多么恐怖的场景。

3 袁绍：没有清晰的战略，就是一场灾难

无论是行军打仗，还是商业竞争，都需要有清晰的战略。战略是从全局的角度出发，对局势的发展进行判断，需要的是大见识、大魄力。有了合理的战略布局，才能处处高人一筹，时时占得先机。

世间的事物发展通常有其自身的规律，要想制定正确的战略，就必须拥有找到规律的能力。战略要求我们认清当前的形势，预判事情未来的走向，同时结合自身的条件，做出正确的决策。

拥有清晰的战略视野，并且能够坚定执行的人，永远是少数的。很多人碰巧遇到了时代的风口，获取了丰厚的资本，但是对于接下来的战略却没有清晰的认知，于是逐渐变得不思进取，又或者对社会发展的认知不够，战略制定错误，最终将企业带向深渊。

华为公司创始人任正非曾说："在大机会时代，千万不要机会

主义，我们要有战略耐性。"世界上永远不缺机会，但是很多机会未必适合你。能带领事业走向成功的，首先得是一个战略大师，而不能仅仅是一个战术大师。战略的意义，就是教会我们如何把机会牢牢抓在手里。过分关注战术和执行，却忽略了战略层面，是很多人的通病。忙于处理市场面对的各种问题，忙于降本增效，像一个救火者，哪里有火往哪里扑。殊不知社会环境已经发生根本性的变化，即便策略再多，也很难改变整体的趋势。

[官渡之战]

东汉末年，中原大地上爆发了一场大战——官渡之战。其中一方是挟天子以令诸侯的曹操，另一方则是位居三公的袁绍。

当时，袁绍刚刚战胜强敌公孙瓒，占据幽州、冀州、青州、并州，黄河以北的土地几乎被他收入囊中，而曹操的实力比不上袁绍的。于是，袁绍决定南下进攻曹操。

袁绍的谋士田丰力劝："我们刚刚和公孙瓒打完仗，士兵都很疲惫，仓库也没有积余，此时出战恐怕对我们不利。"谋士沮授说："我军虽人数多，却没有曹军勇猛，但是曹操的粮草不如我军的。我们应该打持久战，那样曹操就会不战自败了。"郭图怂恿道："我们出兵打曹操，就像武王伐纣一样，肯定能胜。"

田丰和沮授仍然劝阻，但是袁绍不听，坚持出兵。他挑选精兵数十万，和曹操在官渡展开大战。一连打了几个月，都没有分出胜负。

这时，谋士许攸对袁绍说："曹操和我们在官渡打仗，后方肯定空虚，不如分兵进攻许都（属今河南省许昌市），曹军粮草不足，肯定大败。"袁绍仍然不听。正好此时有人报告许攸家里有人犯法，已经被抓了，于是袁绍将许攸斥责一通。

失意的许攸至此终于清醒过来，他认为袁绍昏庸无能，必定走向失败，于是连夜投奔曹操，将袁绍的粮仓位置等绝密情报悉数告知曹操。曹操非常高兴，马上带兵奔袭袁绍粮草囤积之地——乌巢，一把火烧光了袁绍的粮草。袁军士气溃散，大败而归。就这样，曹操以弱胜强，赢得了官渡之战的最终胜利。

制胜谋略

在官渡之战中，袁绍的实力远远胜过曹操的，最后却被曹操打败，根本原因是袁绍的战略出现了大问题。

田丰、沮授和许攸都是人才，他们给出的谋略都很正确，只是侧重点不同。田丰和沮授的战略是在战争开始之前提出的，因此风格偏稳健，主张稳定局势，最大限度地降低风险，用持久战拖垮曹操。许攸的战略是在大战开始以后，双方陷入战略相持时提出的，因此风格偏激进，试图用一支奇兵打破僵持的局面。

总结下来，用田丰、沮授的战略，可以稳中求胜；用许攸的战略，可以速胜。可惜袁绍的战略视野太狭窄，每到关键时刻都完美避开了正确答案，反而听信了郭图的谗言，最终落得个兵败身死的下场。

　　袁绍死后，他的几个儿子同样没有战略视野，他们没有团结一致，共同抵抗曹操，反而不断内斗，最后被曹操轻松击破。

　　官渡之战的教训不可谓不深刻，充分体现了战略决策的重要性，它告诉我们一个道理：即便占据巨大优势，面对看似弱小的对手，也不能骄傲自满，轻易出击，否则很有可能被对手击败。

4 管仲：谋略就是要以最小的代价赢得胜利

所谓谋略，其实就是解决问题的方案和对策。

《孙子兵法》中说："上兵伐谋，其次伐交，其次伐兵，其下攻城。"伐谋，就是以谋略挫败敌方的战略意图或战争行为；伐交，就是用外交战胜敌人；伐兵，就是用武力击败敌军；攻城，就是直接攻打敌人的城池。

伐谋是最高等级的兵法，谋略高于武力。在政治上，谋略所追求的效果就是以最少折损克敌制胜；在经济上，谋略的目的是以最少的成本获得最大的利润。战争的理想境界，是既能最大限度地消灭敌人，获得胜利，又能最大限度地减少自己的损失。真正高明的将领能够通过威慑、诱导、游说、劝服等方法，使敌人不战自降。

谋略做得好，就可以不战而屈人之兵。你不需要付出多少成本，就可以解决问题。在现代生活的商业和职场上，这种理念十分常见。在面对竞争对手时，要尽量避免与对方发生直接冲突，尽可能地用谋略来解决问题。例如，通过对比找到自己的缺点，并且加以改正。在保证商品质量的情况下尽可能地将成本降低，突出自身优势，避免以自己的劣势对抗竞争对手的优势。最不明智的做法就是和对方陷入价格战的泥潭中，遗憾的是大多数商家在遇到竞争对手时，首先想到的就是价格战。

在职场上，同样是这个道理。在面对强有力的竞争对手时，最忌脑子一热，和别人直接发生冲突，即便最终能够取胜，也会在同事心中留下不好的印象。你应该尊重你的对手，发现他们身上的优点，才能够更好地击败他。

[管仲的贸易战]

春秋时期，齐国和鲁国是邻国，双方经常发生矛盾，齐国想要称霸，首先就要解决鲁国这个对手。齐桓公成为齐国国君以后，任命管仲为相，对鲁国发起了一系列攻势。

当时，齐国因为长期内乱，国力并不怎么强大，因此管仲认为，正面强攻鲁国并不是一个好主意，只能采用其他谋略。管仲敏锐地发现，齐国和鲁国都生产丝绸，齐国的产品叫齐纨，鲁国的产品叫鲁缟。鲁缟非常轻薄，质量又好，很受人们的喜爱。于是，管仲决定发起一场贸易战。他建议齐桓公带头穿鲁缟，齐桓公听得一头雾水，但还是照做了。齐国的大臣们看到国君的穿着以后，也纷纷穿上鲁缟做的衣服，紧接着齐国的富贵人家也开始穿鲁缟。一时之间，穿鲁缟成为齐国的潮流风尚。

与此同时，管仲还下令禁止齐国人民生产齐纨，刻意让鲁缟在齐国占据垄断地位，鲁缟的价格于是直线飙升。鲁国人见此情景，粮食也不种了，手工业也不做了，家家户户都生产鲁缟。

一年以后，鲁国的粮食产量锐减，而齐国的粮食产量提高。管仲见时机成熟，立即下令禁止齐国人民购买鲁缟，同时大幅提升粮食的价格。鲁国人生产、囤积的鲁缟严重滞销，又陷入粮荒，只能向齐国高价购粮。经过这么一折腾，鲁国的经济近乎崩溃，只能任由齐国拿捏，被迫签下遵从齐国的条约。这就是"齐纨鲁缟"的典故。

制胜谋略

"齐纨鲁缟"是一次典型的贸易战，它显然比军事战更加高明。在春秋时期，鲁国也是一个大国，假如直接出兵，齐国未必能讨到便宜，这一点从历史上齐鲁双方多次战争的结果就可以看出。况且当时齐桓公刚刚结束内乱，执掌政权，齐国的实力还没有达到顶峰。管仲采取贸易战，也是无奈之下的选择。

管仲把粮食作为贸易战的"武器"，这是很容易理解的。在当时的社会，粮食产量很低，又是人类生存的必需品，一旦贸易战成功，拥有粮食的一方便可以获得压倒性的优势。事情的发展也正是如此：管仲让齐国增加粮食产量，用谋略让鲁国减少粮食产量，最后鲁国毫无招架之力。

　　纵观整个事件，可以发现管仲的谋略十分清晰，他的目的就是通过贸易战打击鲁国，但是在此过程中，他始终把真实目的隐藏得很深，让鲁国人丝毫没有意识到其中的危险。韩非子说："事以密成，语以泄败。"假如鲁国人知道了管仲的目的，他们是不可能放任事情发展下去的。

　　除了"齐纨鲁缟"以外，管仲在担任齐国相国期间，还多次使用贸易战打击其他国家，例如针对楚国的"买鹿制楚"，针对代国的"买狐降代"，针对衡山国的"衡山之谋"，等等。齐桓公能够成为春秋时期第一个霸主，管仲厥功至伟。

5 汉武帝：真正聪明的人使用阳谋

谋略也分阴阳。

阴谋，给人的感觉是贬义的。谈起阴谋诡计，人们想到的是两个人在黑暗中鬼鬼祟祟，秘密商量计谋，想要对付某个人。就连计谋高超的汉代谋臣陈平也说："我多阴谋，是道家之所禁。"意思是，陈平太喜欢使用阴谋诡计，违背了天地之道，虽然能够取得成功，但是肯定也会有负面效应。

阳谋，给人的感觉就正面多了。阳谋是明明白白地告诉你我将要做什么，而你却没有任何反抗的能力。相比之下，阳谋显然难度更高，因为它不是突然使出的，而是给对方留下了反应的时间。阳谋需要洞察人心，不仅要认清当下的形势，更要认清未来的大趋势，唯有如此才能实现。

阳谋发挥到极致，则是"不争"，也就是"不谋"。老子说：

"夫唯不争，故天下莫能与之争。"当你不刻意去争夺时，也就不必费尽心机使用谋略，别人反而会被你的真诚和善良打动。

"不争"并不是让我们什么都不做，恰恰相反，它要求我们明确最终的战略目的是什么，抓大放小，不争虚名，不争小利，为了最终的目的而努力。

只有内心赤忱的人，才能做到"不谋"，他们目标明确，心怀善念，散发着无与伦比的魅力。当你真心想要做一件事的时候，全世界都会给你让路。

[汉武帝的阳谋]

秦朝是中国历史上第一个统一的中央集权制国家，但是随着农民起义的爆发，秦朝很快走向了灭亡，这套政治制度也面临着调整。在天下争夺战中，刘邦不得不和一些势力联合起来，共同取得胜利。例如，在楚汉战争的关键时期，韩信拥兵自重，写信给刘邦，要求做代理齐王，暂时统治齐国。刘邦看到书信以后，气得火冒三丈，但还是答应了韩信，并且刘邦给得更多。刘邦对韩信的使者说："要做就做真齐王，做什么代理齐王？"

刘邦总共封了八位异姓王以及十位同姓王。在战乱时期，这些王为天下的安定做出了贡献，但也在时刻威胁着中央的统治。汉朝中央无时无刻不想削夺他们的权力，为此发生了多次战争。

汉武帝即位以后，也着手解决这个问题，他采用了主父偃的建议，在各诸侯国推行推恩令。诸侯们去世以后，原本所管辖的区域只能由嫡长子继承，但是推恩令规定，其他儿子们都可以分封到一块土地。假如一个诸侯王有十个儿子，那么在他去世以后，他的封地就会被拆分成十块。

推恩令颁布以后，尽管也引发了很多诸侯王的不满，但是他们再也不能对中央王朝形成威胁。困扰汉朝中央近百年的问题，就这样被汉武帝解决了。

制胜谋略

中央和地方的权力之争，向来是一种难以调和的矛盾。想要削弱地方诸侯的力量，不是一件容易事，因为诸侯们肯定不愿意自身的权力被削弱。如果逼迫得太紧，很容易酿出内乱，例如汉朝前期的七国之乱。汉武帝正是看到了这种情景，才会想到用计谋巧妙地消除隐患。

推恩令的可怕之处在于，诸侯王们无法拒绝，也无法反抗，因为它把中央和地方的矛盾转移成诸侯王的父子矛盾。诸侯王的王位原本只传给嫡长子，结果推恩令让其他儿子也有了法理上的依据。这样的命令自然会得到诸侯王子孙们的拥护：谁都想得到一个封邑，拥有世袭的侯爵。

假如诸侯王拒绝给其他儿子分封土地，就是不遵从中央政府的法令，同时还要面对其他儿子们的反叛。于是，汉武帝成功地将诸侯王的后代们拉拢到自己这边，团结了大部分可以团结的人，来消除国家的隐患。就这样，汉朝的诸侯国越分越小，再也不能对中央政权造成威胁。

正因为如此，很多人将推恩令称为"千古第一阳谋"。它实际上是披着合理合法的外衣，实现了中央王朝削藩的目的。

6 胖东来：用善念驱动，谋略更容易成功

谋略的成功，是建立在读懂人性的基础上的。现实情况会变，但是人性不会变，读懂了人性，你就能预测对方在想什么，下一步会做什么，然后才能制定合适的谋略。

人性中有一些阴暗面，比如贪婪、自私自利、恐惧、贪图享受……有一些经典的谋略故事，讲的都是利用人性的阴暗面来达成目的，而制定这些谋略的人，也会给人留下手段毒辣的印象。

然而人性中也有善良的一面，比如善良、热爱和平、诚实、正直……善良是人类社会得以维系和发展的基础之一，也是人类文明进步的重要推动力量。通过培养和推动善良的行为，我们可以建立一个更加和谐、公正和可持续发展的社会。

判断一个人是否成熟，首先并不是看他的赚钱能力有多强，也不是看他的地位有多高，而是要看他是否了解人性，能不能判断事

情的走向。人性是复杂的，不要轻言善恶，在任何事件中，都不要低估人性的影响。所谓好人，在环境的诱导下，也可能心起恶念；所谓坏人，在环境的影响下，也可能心起善念，去做好事。

利用人性之恶，固然可以达成目的；但利用人性之善，同样可以成事，而且效果更持久，带来的负面影响更小。古人云："天行健，君子以自强不息。"就是说，君子要向上、向善，这是做人的学问。鼓励别人做自立、积极向上的人，让他们为了自己的切身利益而努力，才能激起他们心底的斗志。

[胖东来的经营哲学]

胖东来是河南省的一家超市，总部在许昌，有三十多家连锁店，七千多名员工。看着规模挺大，但是和沃尔玛、家乐福等国际巨头相比，胖东来只能算是小企业了。然而就是这么一家地方性的企业，却能数次登上微博热搜，收获无数美誉。马云称它是"中国企业的一面旗子"，雷军称它是"中国零售业神一般的存在"。

胖东来的创始人是于东来，其在2023年6月宣布退休，此时他五十七岁，对于一个企业家来说正值壮年。当被记者问到原因时，于东来给出的回答是："人生不只是挣钱，还有生活、娱乐与享受。"

享受，不能只顾着自己，还要顾及员工。

于东来很重视员工的福利，他曾经在公开场合大声疾呼："在胖东来，你加班就是不行。你加班就是占用别人的成长机会，是不道德的。"向加班文化大声说"不"，对于一个企业家来说，需要不小的勇气。

当员工和顾客发生冲突时，胖东来不会和稀泥，而是秉持着公正、公开、公平的原则，严肃处理事件。有一次，一位顾客由于不满等待时间过长，大声呵斥员工，还向商场投诉了员工。事后，胖东来官方经过一周的调查，在网上发布了一份长达八页的调查报告，详细还原了整个事件的过程。对于顾客，胖东来要求管理人员携带礼品和赔偿金上门道歉；对于涉事员工，胖东来认为该员工受到了人格和尊严的严重伤害，因此给予了五千元的精神补偿金。

可以说，胖东来的经营哲学始终秉持着用真品换真心的服务理念和人本主义管理的思想。这是一种追求真诚、美好和有社会责任感的企业经营理念，也是其在中国零售业市场"封神"的重要所在。

制胜谋略

胖东来把顾客当人看，也把员工当人看，真正做到了尊重顾客、尊重员工，真诚待人、礼貌待人。这是一种激发人性之善的做法，与利用人性中的贪婪、自私自利等阴暗面的行为是极不相同的。

现代管理学之父彼得·德鲁克曾说："管理的本质，就是激发人的善意。"这真是一句至理名言。无论是指挥军队作战，还是商业领域的竞争，都需要激发人性中善的一面。

　　指挥军队作战，不能只靠军事法庭和督战队，更要靠思想政治工作。戚继光在训练士兵时说："凡你们当兵之日，虽刮风下雨，袖手高坐，少不得行月二粮。这银米都是官府征派地方百姓办纳来的。你在家那个不是耕种的百姓？你肯思量在家种田时办纳的苦楚艰难，即当思量今日食粮容易，又不用你耕种担作。养了一年，不过望你一二阵杀胜。你不肯杀贼保障他，养你何用？"戚继光向士兵们灌输百姓是军队的衣食父母，士兵杀敌保民是尽本分。正是对善念的追求，才造就了一支强大无比的"戚家军"。

　　商业竞争同样如此，一个明智的商业领袖，应当把员工的福祉放在心头，因为员工赚钱的目的首先是改善生活，供养家庭，其次才是实现崇高的人生理想。企业在成长的同时，也能让员工丰衣足食，双方都怀有善意，才能在激烈的市场竞争中走得更长远。

第二章

明察——制胜的关键是看清本质

　　遇到困难时，如果目光短视，只关注眼前的利益，思考用什么谋略获利，则往往会陷入"一叶障目，不见泰山"的僵局。因此，制定谋略的关键，是看到事物的本质和规律。真正的高手，都有一眼看穿本质的能力，如此才能做出针对性的策略，掌控全局。

1 苻坚：先了解对手，再制定谋略

制定谋略必须从现实条件出发，要了解对手，更要了解自己。我们需要了解自己和对手的强弱之处，用自己的强项攻击对手的弱项，才能在竞争中取得胜利。

古往今来，有很多人对自身的实力过于乐观，对对手的实力过于低估，以致制定出来的谋略漏洞百出，当真正竞争时，才知道事实远远不是自己想象中那样美好。俗话说："人穷则志短"。实力，既决定了一个人的能力边界，也决定了一个人的认知层次。因此，我们在研究竞争对手的时候，要特别注意对方的真实实力，不能仅凭自己的想象制定战略，更不能用战略目标的美好来粉饰判断的失误。

有时，我们和对手的实力差距非常大，即便想尽了谋略，也很难获胜。这就如同国家间的竞争，考验的是综合实力，而不是某个

局部的优势。即便有诸葛亮的智慧，刘备的人格魅力，关羽和张飞的武力，蜀汉最终也没能赢得天下，原因就在于他们的对手——曹魏的实力也很强大，蜀汉的人口、耕地和财富都远远不如曹魏，更别提曹魏同样拥有荀彧、程昱等一大批智谋之士。

因此，在分析对手时，同样要分析自身的优势。正如《孙子兵法》所言："未战而庙算胜者，得算多也；未战而庙算不胜者，得算少也。"意思是说，在开战之前，就要充分分析有利条件和不利条件，商讨作战计划，这样才能取得胜利。假如庙算出了问题，战略决策就会出现失误，失败的可能性就会大大增加。

[淝水之战]

公元383年，中国爆发了一场惊天动地的大战，对战双方分别是偏安江南的东晋和雄踞北方的前秦。从兵力上来看，前秦占据了绝对优势，号称"水陆大军八十万"，而东晋只有八万。可让所有人都没有想到的是，最后获胜的竟然是东晋。

公元382年，苻坚召见群臣。当苻坚把进攻东晋的想法说出来以后，遭到了大臣们的一致反对，就连他的弟弟苻融也不赞同。苻融认为，当时的东晋内部很团结，政局稳定，很难从内部击溃，反观前秦经过多年征战，士卒疲惫，人民厌战，收服的鲜卑、羌等部族也不是真心臣服。如果贸然开战，情况未必对前秦有利。

苻坚感到非常失望，他自认为实力雄厚，出兵东晋必然能够取胜，却遭到大臣们的反对。这时，慕容垂和姚苌等人竭力怂恿苻坚南征，以便从中谋利。于是，苻坚最终率领数十万大军，向东晋宣战。他们渡过淮河，攻陷了寿阳（今安徽省寿县）。而东晋在谢安、谢玄等人的带领下，在建康（今江苏省南京市）布防，谢玄又带着东晋最精锐的五万北府兵，前往淝水与前秦军对峙。

经过几次接触战，前秦的军队并没有讨到便宜，反而是东晋的部队取得了部分优势。为了以少胜多，谢玄制定谋略，他派使者到前秦军营，建议前秦军稍向后退，让晋军渡过淝水，以便双方展开决战。前秦的将领们都认为应该坚守淝水，不能让晋军过河。但是，苻坚求胜心切，他说："等晋军渡河进行到一半时，我们突然袭击，肯定能大获全胜！"

然而，事情的发展并没有像苻坚预想的那样美好。前秦的军队刚一后退，东晋降将朱序就在人群里大喊："秦军败了！秦军败了！"前秦军顿时阵脚大乱。晋军乘势猛攻，前秦军招架不住，纷纷溃逃。苻坚被流矢射伤，仓皇逃回北方，他的弟弟苻融则在乱军中被杀。自此，苻坚一蹶不振，又遭到之前投降的鲜卑、羌人的背叛，最后被羌人姚苌所杀，终年四十八岁。

制胜谋略

在历史上，苻坚也是一个有雄才大略的君主，他重用汉人王猛等贤臣，锐意改革，发展经济，先后打败了前燕、前凉、代国等对手，统一了中国北方。但是当他想要南下进攻东晋，统一中国时，却遇到了很多阻碍。王猛认为时机并不成熟，加上东晋有长江天险，因此劝苻坚千万不能攻打东晋。

然而苻坚在制定战略的时候，明显对双方的实力进行了错误的评估。一方面他高估了自身的实力，前秦虽然统一了北方，但是北方的民族融合还没有完成，归顺的少数民族不可能真心帮助前秦，一旦失利就会争相逃跑。另一方面则是他低估了东晋的实力，在他的预想中，东晋是不堪一击的，然而经过几次交手之后，才发现东晋北府军的战力之强完全不输前秦军队，而且以谢安、谢玄为代表的东晋名臣，其智慧和忠诚度都是一流水平。

淝水之战是历史上著名的以少胜多的战役，它的结局告诉我们：战争不是简单的兵力对比，关键在于谋略的较量。而要制定正确的谋略，主帅必须充分了解双方的实力，否则失败就是必然结果。

2 李广：盟友关系不会永远牢固

作为一个独立的个人，必要时我们需要盟友。盟友的存在，可以让我们在生活和工作中获得更多的支持。

选择盟友并不容易，每个人都需要从自身的利益出发，考虑是否有必要建立盟友关系。所以，要想结成盟友关系，双方必须有共同利益，如果利益不一致，是不可能成为盟友的。即便短暂地结成了盟友关系，也会因为利益的不一致，最终分道扬镳。例如，在第二次世界大战前期，德国也曾与苏联签订互不侵犯条约，但是随着局势的发展，德国最终向苏联发起了突然袭击，原因就在于双方的利益冲突无法调和。

新东方创始人俞敏洪曾说："合伙创业千万不能谈感情，要不然最后必定会分道扬镳。"

所以，世界上不存在一个永远稳固的盟友关系，因为双方的利益会发生变化。当利益发生冲突时，盟友也可能在一夜之间变成敌人。我们真正能够依靠的只有自己的实力，唯有自己的力量不会背叛自己。

[汉将李广]

李广是西汉名将。元狩四年（前119年），大将军卫青、骠骑将军霍去病率领大军攻打匈奴，李广多次请求随行。但天子认为他老了，没有批准；过了好久才答应他，任命他为前将军。

李广跟随大将军卫青进攻匈奴，出了边塞后，卫青捉到一个俘虏，得知单于居住的地方，于是亲自率领精锐部队朝那里进发，并命令李广的部队和右将军的合并，从东路出击。东路稍有些迂回，而且大军行进之处的水草又少，在这种情况下不能驻扎。李广请求说："我的职务是前将军，现在大将军却命令我从东路出发，况且我从少年时就和匈奴交战，直到今天才得到一次能够遇上单于的机会，我希望打头阵，率先与单于决一死战。"卫青私下里受过皇上的告诫，认为李广年老，命数不好，不要让他与单于对阵，以防失败。而且当时公孙敖刚丢了列侯的爵位，担任中将军之职，跟随卫青。卫青打算让公孙敖和自己一起与单于对阵，所以调走了李广。

李广知道这件事后，坚决要求卫青改调令。卫青没有答应，而是命令长史写文书，送到李广的幕府，说："赶快到部队里报到，照文书上写的办。"于是，李广没有向卫青告辞，心里带着很大的怨气前往军营，带领士兵与右将军赵食其会合，从东路出发。由于李广的部队里没有向导，有时会迷路，就落在了卫青的后面。卫青与单于交战，单于逃跑了，卫青于是回营。卫青向南横穿沙漠时，遇到了前将军李广和右将军赵食其。李广拜见卫青后，回到营中。卫青派长史带着干粮和浊酒送给李广，顺便询问李广、赵食其迷路的事情，以便上书向天子禀报军中的详细情况。李广没有回答，卫青接着派长史催促李广幕府的人员去接受调查。李广说："众校尉没有罪，是我自己迷路了。我现在亲自去接受调查。"

到了大将军幕府，李广对他的部下说："我与匈奴交战七十多次，现在有幸跟随大将军出征和单于交战，然而大将军却调我的部队去走迂回的路，我还迷了路，难道不是天意吗？况且我已经六十多岁了，终究不能再受那些舞文弄墨的小吏的侮辱了。"于是拔刀自刎而死。

制胜谋略

在历史上，李广与卫青、霍去病都为西汉的名将，他们多次并肩作战。然而，一场漠北之战使卫青与李广的死亡纠缠到了一起。在这场战役中，李广迷路，未能及时与主力会合，导致匈奴单于逃脱。李广尽管自责并请求解甲归田，但未被汉武帝批准，最终愤而自杀。

李广为人谦恭忠厚，不善言辞。在他死的那天，天下认识或不认识他的，都为他感到伤心。司马迁用一句"桃李不言，下自成蹊"表达了自己对李广无限的敬慕与景仰之情。

我们不难发现：当利益出现冲突时，盟友关系是很容易破裂的。

比如，家族式企业就是一个用亲缘关系搭建起来的联盟，里面的每一个成员都是盟友。然而即便是这样牢固的盟友关系，也会有破裂的一天。可想而知，那些由陌生人建立的盟友关系，肯定更不牢靠，更容易破裂。

3 拿破仑：别让傲慢成为成功的障碍

曾国藩曾说："天下古今之才人，皆以一'傲'字致败。"傲慢是一种负面情绪，也是一味毒药，它会悄悄地腐蚀我们的心智，让我们失去判断能力，最终走向失败。

傲慢是一种难以克制的人性，即便是最有才华、地位最高的人，也有可能走入傲慢的陷阱。仔细观察身边的人，我们会发现有很多这样的案例。

在家庭生活中，你是否真正尊重家人，仔细考虑他们的建议，而不是傲慢地认为他们什么都不懂？在社会上，你是否真正尊重别人的工作，尊重他们为了自己的生活所付出的努力，而不是看不起他们？

在历史中，傲慢导致的失败屡见不鲜，其中不乏伟大的人。项羽出身贵族，又勇猛善战，自认为无人能敌，不把天下英雄放在眼里，最终却被出身寒微的刘邦击败；曹操率兵百万，踌躇满志，以为必胜，结果中了连环计，被孙刘联盟打败；关羽傲视天下，不把孙权和吕蒙放在眼里，结果败走麦城……所以古人说"骄兵必败"，人一旦有了傲慢之心，就离失败不远了。只有警惕自己的傲慢，始终保持谦虚和谨慎，才能把事情做好。

[拿破仑折戟莫斯科]

拿破仑·波拿巴是法兰西第一帝国的皇帝，也是世界军事史上的传奇人物。他曾率领法国军队，数次击败反法联盟，先后占领了意大利、德意志等地区，在欧洲取得了空前的军事胜利。然而，当权势达到顶峰时，他却错误地预估了国际形势，发动了一场进攻俄国的战争，并最终导致了自己的失败。

当时，拿破仑为了迫使英国臣服，联合其他欧洲国家发起了"大陆封锁"政策，拒绝和英国进行贸易，试图以此孤立英国。然而，贸易的断绝虽然让英国深受打击，但是英国的海外殖民地仍然可以源源不断地提供物资，反倒是拿破仑的盟国无法得到物资供应，因此各国并不愿意配合。俄国对法国的扩张持有强烈的戒备之心，拒绝配合对英国的封锁政策，还退出了联盟。这件事让拿破仑非常生气，他决心要教训一下俄国。

1812年，傲慢的拿破仑率领六十多万大军，分成三路，远征俄国。拿破仑亲自率领中路部队，妄图彻底消灭俄军。面对强大的法军，俄国名将库图佐夫深知不能正面开战，便始终避免和法军交战，同时采取焦土策略，引诱法军深入。

当拿破仑的大军来到俄国首都莫斯科时，他们惊讶地发现这座城市已经被俄国人烧成废墟，俄军则早已消失得无影无踪，只留下一座孤零零的空城。法军在莫斯科待了五个星期，却始终不见俄军前来决战，反倒是补给越来越困难。无奈之下，拿破仑只好撤军。

冬季来临了，酷寒的天气成了击垮拿破仑大军的又一个敌人。在零下几十摄氏度的环境中，法军又冷又饿，根本得不到补给，军中爆发了传染病，撤退的途中还要遭到俄军的不断袭击，这一切让法军损失巨大。等到法军撤出俄国时，损失惨重。

制胜谋略

历史已经证明，法国进攻俄国是一场错误的战争。尽管法军的兵力远远超过俄军的，也顺利占领了俄国的首都莫斯科，但是法军并未真正取得胜利。拿破仑傲慢地以为，只要出兵俄国，俄国就会一败涂地，然后俯首称臣，结果却是法军付出了巨大的人员伤亡代价，被迫撤出俄国。俄法战争结束以后，法国的实力遭到毁灭性打击，很多被法国占领的土地上纷纷爆发了独立运动，拿破仑本人也在滑铁卢战败之后，被流放到海岛上。

拿破仑是法国大革命期间一颗璀璨耀明星，他把法国从濒临崩溃带到了称霸欧洲的地位，他在具有人格魅力的同时，也逐渐变得十分傲慢。当时的一位英国漫画家称拿破仑是"自大狂妄的角色"。拿破仑的副官也记录了拿破仑的话语："在国家事务中，一个人永远不能退缩，不能倒退，不能承认错误。"在进攻俄国的过程中，拿破仑从未承认自己的错误，导致了最终的灾难。

　　拿破仑的例子提醒我们：即便是才能出众的人，也要时刻保持警醒，不能活在自己的世界里，认为自己永远是正确的，甚至看到错误也不肯承认，这也是一种傲慢至极的心态，它会带来灾难性的后果。对于个人来说，更加谦逊，愿意倾听批评，勇于承认错误并加以改进，是走向成功的关键。

4 诸葛亮：做事之前，一定要先看人

　　古人说："与善人居，如入芝兰之室，久而不闻其香，即与之化矣；与不善人居，如入鲍鱼之肆，久而不闻其臭，亦与之化矣。"意思是说，和品行高尚的人在一起，就像进入充满芝兰香气的屋子，时间一长，就闻不到香味了，这是因为自己和香味融为一体了；和品行低劣的人在一起，就像进了卖咸鱼的铺子，时间一长，就闻不到咸鱼的臭味了，因为自己与臭味融为一体了。

　　想要成事，必须学会与他人打交道，而在做事之前，必须先看对方的能力和品质。根据品德和能力，我们可以将人分为四种：德才兼备是"精品"，无德无才是"废品"，有德无才是"半成品"，有才无德是"危险品"。

　　找人合作，首选德才兼备的人，这样的人能力突出，品德也很优秀，合作起来最让人放心。其次选择有德无才的人，虽然能力有限，但是至少让人放心，不用担心遭到背叛。有才无德的人能力很强，但是也很危险，与他们合作，需要小心谨慎，通常只有能力极强的领袖型人物才能镇得住这样的人。至于无德无才的人，则应该尽量远离，他们无法给你带来收益，反倒有可能损害你的利益。

如果识人能力较弱，无法在短时间内看清别人，就不要贸然谈合作，开始一段合作很简单，但要善始善终却不容易。我们可以观察他们的日常行为，从中了解他们的品德。孔子说："视其所以，观其所由，察其所安。"意思是说，考察一个人，要看他的所作所为、他的动机，以及什么事情能让他感到心安。通过长期观察来界定一个人品质的好坏，而不是初次见面后就轻易下结论。

[马谡失街亭]

街亭在今天甘肃省天水市，它是连接关中地区和陇右地区的要道，因此是重要的军事关隘，历来为兵家必争之地。三国时期，诸葛亮北伐中原的时候，就曾命马谡驻守街亭，防范司马懿大军。

诸葛亮知道司马懿一定会攻打街亭，于是准备派信得过的人去驻守街亭。这时，马谡主动请缨，说自己从小就熟读兵书，了解兵法，难道连个小小的街亭都守不了？诸葛亮便告诉马谡，司马懿非等闲之辈，麾下有名将张郃做先锋，马谡恐怕不是对手。岂料马谡不把司马懿和张郃放在眼里，还说就算曹叡亲自来战，他都不怕。并且，马谡还以全家性命担保。诸葛亮觉得军中无戏言，马谡态度如此坚定，而且立下了军令状，便答应马谡让他前去守街亭。诸葛亮对马谡千叮咛万嘱咐，让他在要道驻守，还派了几名将领带兵策应马谡。

然而，马谡到了街亭以后，并没有听从诸葛亮的命令。他没有在道路上安营扎寨，而是把军队部署在山上，企图凭借地形优势打败魏军。副将王平多次劝阻，马谡都没有听从，反而仗着自己熟读兵书，坚持在山上驻军。

司马懿率领大军到了以后，看到马谡在山上扎营，顿时嘲笑马谡没有真才实学，诸葛亮用这样的人，怎么可能不误事？于是，司马懿命令大军将山包围了起来，断了蜀军的水源，又派出几路兵马拦截援军，很快就把蜀军打得大败。诸葛亮的这次北伐，也因为街亭的丢失，最终无功而返。

制胜谋略

马谡也是一个很有才能的人，刘备主政时，他就曾参与建立和完善蜀汉的政治和法律制度。后来刘备去世，南方的少数民族发起叛乱，诸葛亮亲率大军南下，马谡向诸葛亮建议，要"攻心为上"，被诸葛亮采纳。面对困境时，他总能提出自己独到的见解。

在品德方面，马谡也是一个优秀的人。他写了很多诗文，文风清新淡雅，富有哲理，表达了自己对国家的忠诚和对时代的感慨，这反映出他是一个有理想、有情怀的正直的人。由此可见，马谡的确是德才兼备的人，所以诸葛亮非常看重马谡，经常和他讨论问题到半夜。

然而，街亭的一场大败让一切都化为了泡影，马谡付出了生命的代价，也给人们留下了"不堪大用"的印象。事实上，刘备在白帝城托孤时，就曾告诫过诸葛亮："马谡言过其实，不可大用。"但是诸葛亮不以为然，仍然很看重马谡，直至最后酿成大错。诸葛亮按照军法，把马谡下了监狱，定了死罪。虽然马谡已死，但诸葛亮回想起刘备曾经告诫他的话，后悔不已，只可惜错误已经铸成，无法弥补了。

由此可见，要想真正了解一个人是一件多么困难的事情。尽管花费很多时间和精力去了解一个人，有时候却仍然无法完全理解他们的内心世界和真实水平。

5 齐襄公：轻易做出的承诺不值得相信

　　说话容易，做事很难。很多事不是轻易就能办成的，因为我们会受到很多因素的影响，我们将这些因素称为"意外"。一个成熟的人，知道敬畏意外，认真做事，即便是小事，也会认真对待。

　　轻易做出承诺的人，通常思想不够成熟，把事情看得太简单，缺乏对意外的敬畏之心。他们对困难预估不足，所以做起事来经常出意外，以致最后无法兑现诺言。这些人在应承别人时往往是不经大脑，拍拍胸脯就胡乱答应了，这只不过是一时的义气，而没有认真想一想能否做到。这样的人往往不可靠，办事也是不牢靠的。

　　既然承诺，就应该说到做到，我们应该把那些可能导致失败的风险留给自己承担，而不是上嘴唇碰下嘴唇，最后告诉别人无法完成。无法兑现的诺言，和谎言没什么区别。所以，真正看重承诺的人，反而不会轻易许诺。

还有一种人，明明知道事情很困难，却还是轻易许诺。这种人要么是大仁大勇的真豪杰，要么是试图欺骗人的真小人。

[齐襄公之死]

春秋时期，齐襄公联合宋、鲁、陈、蔡等国家，一起攻打卫国。后来，联军顺利攻陷了卫国。为了防范援军，齐襄公决定留下一部分兵马，让连称、管至父二人率兵在葵邱驻扎。齐襄公临走之时，连称和管至父问他："我们什么时候回国呢？"齐襄公当时正在吃瓜，就顺口说了句："等到明年瓜熟的时候，我就派人去接替你们。"于是，连称、管至父就出发了。

一年以后，又到了瓜熟的季节，连称、管至父却迟迟没有等来换防的消息，于是二人派人送了一些成熟的瓜进献给齐襄公，试图以此提醒齐襄公。谁知道，齐襄公早就把这件事给忘了，他每天只顾着吃喝玩乐，根本不提换防的事。直到看见瓜时，他才想起来之前的约定。齐襄公非常生气，他对使者说："接替不接替是我说了算，为何还要来请求啊？等到明年瓜熟时我再派人去接替他们吧！"

得到消息以后，连称、管至父这才明白自己让齐襄公给耍了，两人气得咬牙切齿，恨不能立即冲回国都报仇。冷静下来以后，管至父说："欲行大事，必须师出有名。我们只有杀掉齐襄公后另立新君才能做到报仇而存身。而新君最合适的人选就是公孙无知，我们可以联络公孙无知，打着'诛除暴君'的口号，里应外合，一定能够成功。"

于是，他们暗地里联系了公孙无知。公孙无知是齐僖公（齐襄公的父亲）的侄子，很受齐僖公的宠爱，却受到了齐襄公的嫉恨。齐僖公去世之前，叮嘱齐襄公一定要好好对待公孙无知，但是等齐僖公去世以后，齐襄公立马变了一副面孔，处处排挤公孙无知。因此，当公孙无知有复仇的机会时，他毫不犹豫地加入其中。三人找了个机会，冲入宫中杀死了齐襄公。

制胜谋略

齐襄公作为一国之君，不是一个无能之辈。齐国与纪国有九世之仇，齐襄公即位后，就攻灭了纪国，为日后齐国称霸清除了一个障碍。此外，他还干涉过鲁、郑、卫三国国君的人选。然而，齐襄公的人品和德行却很有问题。他答应过连称、管至父，会在第二年瓜熟时换防，也答应过父亲齐僖公会好好对待公孙无知，最后却都没有兑现，引来了连称、管至父和公孙无知的怨恨，最后惹来了杀身之祸。

古人说，国君说的话是"金口玉言"，说出来就一定要做到。作为普通人都要守信，更何况是国君呢？齐襄公轻易做出承诺，却屡屡失信，不仅无法取信于人，还会四面树敌，这不是一个明智的人该做的。

在生活中，这样的人并不少见，他们在酒桌上表现得很豪爽，和别人拍拍肩膀，就像认识多年的好兄弟，但是等到酒醒之后，就忘了自己说过什么，这样的人是不值得信任的。君子一诺千金，没把握做成的事，就不要轻率地向别人许诺。

6 勾践：过度的恭维是一种陷阱

在与人交往时，我们都希望对方是个真诚、善良的人，然而现实中难免遇到不真诚的人。我们除了要警惕那些攻击我们的人，更应该警惕那些过度恭维的人，因为过度的恭维，也是一种陷阱。

人们都喜欢听赞美的言语，然而很多人把赞美当成了一种工具，见到人就赞美，目的就是让对方卸下防备。古人说："将欲毁之，必重累之。将欲踣之，必高举之。"意思是，要想毁坏一件东西，必须先给它增加许多负担；要想让一个人跌倒，就要先把他高高举起。所以不论你有多么优秀，在面对一个拼命称赞、恭维你的人时，都应该保持警醒。

恭维的话往往是靠不住的，你对自己的评价是良好，别人却将你捧上了天，这明显是不符合事实的。做人应当实事求是，即便是赞美，也不应该脱离事实。

过度恭维的花言巧语，加上伪装和善的面部表情，这样的人多半是心里有自己的盘算。这种人很可怕，因为他言行不一，你永远不知道他心里在想什么。所以孔子说："巧言令色，鲜矣仁。"

[勾践的恭维]

春秋时期，吴国和越国是一对邻国，为了争夺利益，双方之间经常爆发战争。公元前496年，吴王阖闾带兵攻打越国，却被越王勾践打败，阖闾也因受重伤而去世。这次战争之后，阖闾的儿子夫差即位，他励精图治，发誓一定要打败越国，为父亲报仇。越王勾践听到这个消息以后，决定先下手为强，他带着水军来到夫椒，和吴军展开大战。然而，吴国军队士气正盛，越军大败，就连主力都被歼灭了。越王勾践逃到会稽山，被吴军团团包围。

范蠡对勾践说："为了保命，我们只能向吴王求和。倘若对方不答应讲和，那你只好亲自当奴隶去侍奉吴王了。"果然，吴王夫差不同意谈和，伍子胥更是坚决主张让越国灭亡。范蠡又劝勾践贿赂深受夫差宠信的伯嚭，勾践于是送了很多金钱和美女给伯嚭。伯嚭见了礼物非常高兴，便劝说吴王夫差赦免勾践。吴王夫差这才答应。

于是，勾践带着范蠡等人来到吴国。一见到夫差，勾践就跪在地上说："东海贱臣勾践，上愧皇天，下负后土，不自量力，侮辱王之军士，抵罪边境。我对吴国犯下了大罪，大王您能赦免我的罪过，让我当个奴仆，我心甘情愿地在宫中为大王打扫尘土。您能让我活命，我就不胜感激了。臣勾践给您叩头了。"

在这番恭维之下，吴王夫差高兴得飘飘然，他以为勾践已经彻底失去了反抗的想法，于是放松了警惕，没有杀掉勾践，而是让勾践给自己当马夫。在接下来的时间里，勾践表现得卑微，多次称赞夫差的功绩，夫差听了十分受用。后来，勾践找了个机会，请求夫差放自己回国，夫差答应了。

勾践回国以后，一方面暗地里积攒力量，准备复仇，另一方面继续给夫差和伯嚭送礼，迷惑他们。后来，勾践终于找到了机会，他趁着吴国精兵北上的机会，一举攻破了防备空虚的吴国国都，迫使吴王夫差自杀。而勾践也借机吞并了吴国，成为春秋时期最后一个霸主。

制胜谋略

勾践卧薪尝胆的故事被人们传颂至今。人们感慨勾践胸怀大志、隐忍不发的决心，也为吴王夫差骄傲自大最终导致失败而感到惋惜。在生死存亡之际，勾践放下尊严，匍匐在夫差脚下，并且用恭维的语言让夫差放下了警惕之心。即使伍子胥极力阻拦，也没能让夫差醒悟过来。

切记：语言比刀剑更危险，当我们处于优势地位时，一定要提防那些来自四面八方的恭维声。

第三章

选贤——组建能征善战的顶尖团队

要想提升团队的实力，关键在于选贤任能，慧眼识英雄。一个成功的企业家，不一定需要多么突出的专业能力，但是他一定是一个善于识才、长于求才的人。要造就出类拔萃的企业，就必须本着求贤若渴、诚心诚意、唯才是举的态度，千方百计地寻找和培养人才。

1 雍正：知人善任是管理者的第一要务

历史告诉我们：一个人的力量是有限的，要想获得最终的成功，关键在于知人善任。慧眼识人，并不是每个人都能做到的，毕竟"千里马常有，而伯乐不常有"。世界上的人才有很多，但是人才是无法从外表看出来的，将他们从人群中找出来，并且放置在合适的位置上，这就是管理者的第一要务。

一个将领肩负的责任是很重的，他的能力直接关系到国家和人民的生死存亡，企业的领导者同样如此。一个领导者没有识人能力，就无法找到合适的人才，以致自乱军心，把胜利拱手送人。只有善于发现人才，笼络人才，任用人才，才能带领团队稳步向前。

一个人的能力，往往可以从细节中体现出来；而真正的伯乐，也是从细节中观察人才的。优秀的企业管理者会全方位地观察下属的各种表现，从他们的工作态度到生活习惯，进行方方面面的综合考量，从而了解下属的长处及短处。唯有如此，才能确定他们的能力上限。倘若下属的能力有限，就不适合让他们担任高层管理者。

任用什么样的人才，还要根据企业的需求来定，因为每个人擅长的方面都不一样。有的人威望高，能服众，善于平衡人际关系，就很适合担任高层管理者；有的人具有丰富的知识和经验，而且很忠诚，就很适合担任企业的参谋；有的人很勤奋，胆子大，想象力又丰富，让他们担任先锋大将，为企业开疆拓土再合适不过了；有的人谨慎有余，但闯劲不足，不过做事勤勤恳恳，又非常忠诚，让他们负责后勤管理也是可以的。

[雍正不拘一格降人才]

雍正是历史上有名的勤政皇帝，他在位期间推行了多项政策，对后世产生了深远的影响。在用人方面，他真正做到了知人善任、任人唯贤。

李卫出身富裕家庭，但是大字不识一个，靠着买官在清朝政府得到了一个员外郎的官职，后来又被任命为户部侍郎，专门负责管理国库。有一次，一个亲王贪污，他在法律规定的范围之外，每一千两白银多收十两，美其名曰"库平银"。李卫知道以后，专门在办公地点的走廊上放了一个柜子，上面贴着一张纸条，写着"某王赢钱"，讥讽这是某亲王的"赢余"。这件事让亲王非常尴尬，只能停止收钱。

李卫的正直品格和巧妙的手段给雍正皇帝留下了深刻的印象，因此雍正皇帝开始重用他。李卫首先被任命为云南盐驿道，仅一年后升任布政使，负责全省的财政税收事务。随后，再次晋升为浙江巡抚，并兼任两浙盐政使，负责盐政的管理，包括打击私盐贩卖等活动。后来，李卫还被封为兵部尚书，又出任直隶总督。李卫作为一个不识字的文盲，能够做到位极人臣，可以说是一个传奇了。

除了李卫以外，雍正还重用过田文镜。田文镜早年也是通过买官进入了朝廷，只是他家里条件一般，只买到了一个监生，后来勤勤恳恳做官，成为一个四品官。雍正即位时，田文镜已经六十多岁了，却始终没有什么大作为，反而因为锐意进取被同僚排挤。雍正很欣赏这样的人，让他担任河南巡抚、河南总督、河北总督等官职。从一个四品官，一跃成为位高权重的封疆大吏，田文镜备受感动，因此努力工作，大力推行雍正帝的改革方针，即便得罪了同僚也不在乎。

制胜谋略

雍正即位时，摆在他面前的是一个看似强大，却吏治腐败、国库亏空的烂摊子。为了扭转这种局面，他在任用官吏时，秉持的原则是朴实、求实、务实。他不满那些曲意逢迎却没有真才实学的人，而任用那些认真办事的人。他坚信只要能够选拔、培养、任用一批治世能臣，就一定能治理好天下。

雍正曾说："凡秉公持正，实心办事者，虽疏远之人而必用；有徇私利己，坏法乱政者，虽亲近之人而必黜。"意思是，只要一个人能坚持原则，大公无私地为国家办事，那么，就算你与我关系疏远，我也会重用你；假如你营私舞弊，破坏法纪，扰乱政策，就算你是我的至亲兄弟，我也要罢免你。

荀子说："有治人，无治法。"意思是，只有善于治理的人，没有总能奏效的法律。雍正的用人理念也正是如此。李卫和田文镜既不是名门望族出身，也不是文采斐然，然而他们做事的能力和态度远远超过常人，雍正要推行改革，革除积弊，这样的人才就非常合适。

2 曹操：用人的核心原则——唯才是举

古人说："资格为用人之害。"意思是，出身、资历、背景这些软刀子扼杀了很多有才能的人。一个社会、一个企业，不以才能为标准，只看资历和背景，就会陷入僵化，从而失去朝气勃勃的生命力，停止前进的脚步。

纵观我国的历史长河，但凡有作为的政治家和企业家，都会把才能看作人才选拔的第一标准，把名声、背景等资历放在其次，这就是唯才是举。

为了达到唯才是举的目的，有的人甚至可以和仇敌和解，真心诚意地邀请仇敌与自己合作。例如，管仲原本是公子纠帐下谋士，他曾协助刺杀公子小白，为此公子小白恨透了管仲。但是等到公子小白打败公子纠，正式登上国君（齐桓公）的位子以后，他却可以听从鲍叔牙的劝谏，放下以往的仇怨，并且任命管仲为相，让他管理国政。最终，齐桓公成为春秋第一个霸主。

[曹操唯才是举]

在选拔人才不凭资历方面，曹操堪称是一位出色的领导者。

在《三国演义》中，他曾与袁绍在如何挑选人才这个问题上，有过一场争论。当时十八路诸侯在汜水关前被董卓的大将华雄打得束手无策，无人敢应战。刘备、关羽、张飞名气不大，但也参加了义军，眼看着义军节节败退，关羽自告奋勇："愿前往斩华雄头献于帐下。"袁绍问他是谁，又问他现在是什么官职。公孙瓒介绍关羽是刘备手下的马弓手。袁术立即大怒说："你怎敢欺负我各路诸侯没有大将？凭你一名小小的马弓手就在此胡言乱语，给我打出去。"袁绍也在一旁添油加醋，说用一名马弓手出战，必被华雄耻笑。

曹操听后连忙劝阻，说关羽既然敢出战，肯定有勇略，不如让他出战，假如不能取胜，再责罚也不迟。然后，曹操让人拿来了一杯热酒，为关羽送行。袁绍又说："让一名马弓手出战，肯定会被华雄嘲笑。"曹操说："此人仪表不俗，华雄又怎么知道他是马弓手呢？"

果然，关羽温酒斩华雄，用实际行动证明了曹操的眼光没有错。然而关羽的英勇表现并没有改变袁绍和袁术的看法，他们仍然表现得十分傲慢，瞧不起刘备、关羽和张飞，说话时非常不客气。反倒是曹操，暗中派人带着牛肉和美酒慰劳刘、关、张三人。曹操的谦恭和袁绍、袁术的傲慢形成了鲜明的对比。

制胜谋略

曹操在挑选人才、任用人才的时候，也践行了唯才是举的原则。许褚只是乡间一名壮士，一到曹操手下就被拜为都尉，赏劳甚厚。而许褚果然没有辜负曹操，作战勇猛无比，多次救曹操于危急之际。

郭嘉的才能十分出众，但是他的品行并不怎么样。在治军非常严格的曹营，郭嘉的很多行为是非常不检点的，比如过量饮酒、好色等。陈群向曹操检举郭嘉的行为，但是曹操一边表扬陈群检举有功，一边依旧器重郭嘉。

贾诩智谋超群，曾经在董卓、李傕、郭汜、张绣等人手下任职。特别是在张绣手下的时候，贾诩一手策划了偷袭曹操的事件，导致曹操长子曹昂、侄子曹安民、大将典韦战死。但是等张绣降曹之后，曹操又不计前嫌，对贾诩十分敬重，无论是战术策略还是继承人的选择上都听取贾诩的意见。

以上这些史例，都说明一个道理：只要真有才华，就应该重用。我们应该学习曹操的选才魄力和勇气。

3 燕昭王：摆出求贤若渴的姿态

　　无论是治国理政，还是经营公司，都必须依赖人才。怎样才能招募到人才呢？当然要表现出对人才的渴望。那些真正的人才，肯定也想找到一个慧眼识英才的领导者。

　　子贡（孔子的弟子）曾经向孔子问道："我这里有一块美玉，是应该用个盒子把它藏起来，还是找个识货的人把它卖了呢？"孔子回答道："卖了呀，卖了呀，我正等着好买主呢！"这里子贡用了比喻的手法，他并不是真的在说美玉，而是把孔子比作美玉，然后询问孔子对于做官的态度。面对学生的提问，孔子鲜明地表达了自己的态度，那就是积极做官。只有做了官才能实现自己的政治理想，但前提是要找个识货的明君。

　　领导者只有求贤若渴，才能表现出对人才的尊重。如果连尊重人才的态度都没有，人才就会认为你是一个不识货的人，就算跟着你，也无法获得应有的地位和财富，更别提发挥自己的才能，实现人生理想了。

一个优秀的领导者，哪怕手下已经有了很多人才，也还是会不满足，他们想要更多、更优秀的人才来帮助自己，以便获得更高的成就。他们对人才的渴望，远远超过一般人的。

[千金买马骨]

燕昭王是战国时期的燕国国君，他通过努力，招揽了许多人才，把弱小的燕国变成战国七雄之一。

在燕昭王即位之前，燕国的国君是燕王哙。燕王哙在位期间，做出了一系列昏庸之事，致使燕国混乱不堪，被齐国趁机入侵。后来，燕王哙被杀，燕昭王即位，燕昭王立志向齐国复仇。但是燕国当时的国力已经非常虚弱，而齐国当时的国力很强，要想复仇是非常困难的。燕昭王知道首要的任务就是招募贤才，这样才可以治理好国家，壮大实力，于是就向一个名叫郭隗的人请教怎样才能招来贤才。

郭隗没有直接回答问题，而是讲了一个故事。

从前有一位国君，非常喜欢骏马，于是他让侍从带着千金到各地去买千里马。过了很久以后，侍从才回来，国君非常开心，以为买到千里马了。谁知道侍从只带回了一个包裹，打开一看，里面是一具马骨。侍从说："这是千里马的骨头。"

国君非常生气："我让你买活的千里马，你买马骨回来干什么？"

侍从说："国君，您先别生气。我虽然没能买到真正的千里马，但是我用高价购买马骨的事情已经传了出去，现在很多人都知道国君您在求购千里马了。您连马的骨头都能出这样的高价，活马肯定更愿意高价买了。相信很快就会有人给您送来千里马的。"

国君一听，确实很有道理，于是赦免了侍从。一段时间以后，果然有很多人带着千里马来了。

郭隗说完故事以后，继续对燕昭王说："如果大王您真的想要寻找人才，不如就把我当作马骨。天下的贤才看到我这样的人都能受到重用，就会相信大王您的决心。"

燕昭王觉得他说得有理，于是立即认郭隗做老师，又给他建了一座宫殿，毕恭毕敬地对待他。没过多久，天下人都知道燕昭王求贤若渴，于是大批的人才涌入燕国。其中最有名的当数苏代、乐毅、邹衍等人。后来，燕国快速崛起。之后，燕国联合赵、韩、魏、秦组成五国联军，以燕国为主力，乐毅统领全军。联军浩浩荡荡地攻入齐国，攻下齐国七十二城，完成了复仇之举。

制胜谋略

　　历史上，凡是志向远大的君主，必定求贤若渴。除了燕昭王求贤的故事以外，还有很多故事。例如，我们熟知的三顾茅庐。诸葛亮智慧超群，但是起初并没有入仕的打算，而是隐居在南阳的草庐中，每天除了读书就是耕地。刘备去了三次，向诸葛亮请教治理天下的策略，最后才打动了诸葛亮。如果刘备没有求贤若渴的精神，也就做不到谦虚待人，更别提三顾茅庐了。

　　唐太宗说："治主思贤，若农夫之望岁；哲后求才，若旱苗之思雨。"意思是，一个想要治理天下的君主，盼望得到贤才的心情，就像农夫盼望有个好年景一样；明君渴望得到人才，就像久旱的禾苗渴望下雨一样。唐太宗将他的思贤之情说得既形象又真切。

4 阿里的"十八罗汉"：亲自培养的人才更好用

　　说到人才，大多数人的第一反应是从外部招聘。然而，企业内部难道就没有人才吗？事实当然不是这样的，除了那些顶尖人才以外，大部分员工的能力相差并不大，与外部招聘相比，其实内部培养更容易。

　　领导们都希望业绩越来越好，但是梦想能否成真，要看企业的实力是否足够，要看每名员工有多强的能力。要想提高员工的工作效率，需要对员工进行培养。

　　企业刚刚成立时，由于缺少沉淀，很难进行员工培训，于是只能从外部招聘人才。但当企业发展到一定规模，如大几百人，甚至上千人时，针对核心关键岗位，从长远来看，还是内部培养更划算。

　　首先，对内部员工进行培训，花费的金钱成本并不高，只是时间成本比较高。然而，这种模式更加稳定，与其大海捞针式地从外部招聘，不如在平时就重视对内部员工的培养。

其次，这种模式培养出来的员工，由于与公司共同成长，因此他们会更了解公司的运作模式以及公司内部的人情往来。这样，在无形之中，就会减少工作中的沟通成本和管理成本，这一点是空降高管无法比拟的。

最后，内部培养的员工通常忠诚度更高，对公司的依赖度也更高。

[阿里的"十八罗汉"]

关于阿里巴巴的人才故事，人们最熟知的是阿里的"十八罗汉"。

童文红进入阿里巴巴时，刚好三十岁，此前她一直从事物流行业，进入阿里巴巴后感到不太适应，因为她根本不懂什么是互联网，只好从前台做起。就是这样一个缺乏专业技能、没有背景的人，却也是阿里巴巴升职最快的人之一，从前台一路做到了行政总监。

刚开始做前台时，童文红被枯燥的工作折磨着，她发现阿里巴巴的前台工作也不是那么简单。每天来的人有很多，电话也有很多。童文红的情绪很不好，甚至和同事发生了摩擦，但是她还是坚持了下来。

后来，童文红在做前台工作时得到了许多人的帮助，也学到了许多东西。几个月后她转正了。童文红做了一年多的前台后，被调到客户支持部。三个月后，诚信通总监找她谈话，问她愿不愿回行政部做行政经理。

阔别多年，再次回到行政部门，担任经理的职位，对于童文红来说是个不小的挑战。童文红想：过去和他们是同事，而且自己是前台，职务比他们的低，现在要带这个团队，是非常大的挑战。但是，已经三十多岁的童文红认真考虑了自己的职业生涯后，决定接受这个挑战。就这样，童文红重新回到了行政部。以后的六年多里，童文红又几次升职。一转眼，她就成了总监。

这样，经过几年的磨炼，童文红成长了，也成熟了。2005年的员工大会上，童文红终于得到了期待已久的"五年陈"戒指（在阿里巴巴工作满五年的员工被称作"五年陈"，并被赠予一枚白金戒指）。

制胜谋略

阿里巴巴的建立，离不开以马云为代表的"十八罗汉"的努力。

作为一位领导者，马云很擅长寻找员工的优点，做到了人尽其才，针对每个人的特点，为他们分别规划了不同的职业道路。

　　人尽其才，不仅意味着领导者要找到人才，更意味着领导者要培养人才，给人才成长的空间。一家成熟的企业，必定要有针对员工的培训制度，这是提升团队能力的必要手段。市场的变化和技术的发展，要求人们不断地学习新的知识和技能。阿里巴巴把企业培训看作提高企业竞争力的重要手段，甚至成立了阿里巴巴商学院来培训自己的员工。

　　现在的年轻求职者们对公司的培训制度也有了更高的要求，他们很重视企业能够带给他们的成长，因为他们不愿意像个螺丝钉一样，一辈子都做打工人。因此，企业也应当做到对员工的未来负责，针对企业成员的培养必须是有计划的、明确的，不能毫无规划，那样会挫伤成员学习的积极性，并且损害企业的内部氛围。

5 子思：接纳人性，勿强迫下属当圣人

人首先是一种动物。人的动物性，决定了人有动物的本能：饿了要吃饭，渴了要喝水，有了一件东西还想要更多。然而，人同时也是群居性的动物，我们需要互相帮助、互相协作，才能在世界上更好地生活下去。因此，人性是复杂的。

对人性善与恶的评说，古人已经有过很多精彩的论述。孟子认为人性本善，"恻隐之心，人皆有之"，意思是人都有一颗悲悯的心，遇到不幸的事情，内心深处都会产生同情。荀子则认为人性本恶，"人之性恶，其善者伪也"，他说人的本性就是恶的，那些善良的品行只是一种伪装罢了。

其实，人性中有善的一面，也有恶的一面。我们如果撇开偏见，去深入了解人性的善与恶，就会发现善与恶两种属性早已伴随着人类的发展深深地生长在我们的心中。善是人类获得更好生活的

条件，假如人人作恶，世界是不可能维持下去的；恶是人类生存的本能反应，是人性压抑后的爆发。

作为领导者，应当认识到人性的复杂之处，不要苛求员工都去当圣人，永远不犯错。查理·芒格说："不要把人性想得太好，人性本就有很多缺陷，要是一肚子怨气，就相当于是在惩罚自己。"只要不是原则性的错误，就应当给员工改正的机会，适当的批评和奖励能够帮助员工认清自我，重新激发工作斗志。

[子思的建议]

子思，是孔子的孙子，也是孟子的老师。他曾经向卫国国君提出两个建议：一个是推荐苟变当将军，另一个是建议卫国国君要听听反对的声音。

有一次，子思对卫国国君说："苟变这个人很有才能，可以担任将军，统领五百乘战车。"

卫国国君听到以后，说："我也知道他有才能，但是苟变这个人品德不行，以前他做小吏的时候，去老百姓那里收税，结果吃了人家的两个鸡蛋，所以我不想用他。"

子思说："圣人在挑选人才当官的时候，就像木匠挑选木材一样，应用他的长处，舍弃他的短处。一根需几个人合抱的大木头，就算有腐烂的地方，木匠也不会把整块木材都丢掉。现在君上处于战乱的时代，正需要选用能打硬仗的优秀人才，您却因为两个鸡蛋不肯用他，这种事千万不可以让邻国听到。"

卫国国君听罢，很受触动，他向子思鞠躬两次，说："我接受您的教诲。"于是卫国国君重用了苟变，苟变最终成为卫国名将。

还有一次，子思对卫国国君说："您的国事将会越来越差了。"

卫国国君吃惊地问道："为什么这么说？"

子思说："我在朝堂上看到，您说话时总是自以为是，官员们却不敢纠正您的错误。等到官员们说话时，他们也自以为是，老百姓不敢纠正他们的错误。你们君臣都自以为很高明，而下面的人也都异口同声地说你们高明。那些说你们高明的人有利可图，那些试图纠正你们错误的人却会遭殃。这样下去的话，国家怎么会好呢？这就是卫国目前的状况。"

制胜谋略

子思对卫国国君说的这两件事的内核其实是一样的，都是和用人有关的。

第一件事是推荐苟变当将军。当时正处于战国时期，各国都在发展军事力量，互相攻打。卫国是一个小国，国力原本就不够强大，因此更需要招贤纳士，积聚力量。卫国国君却因为一件小事，对苟变的军事才能视而不见，这是非常愚蠢的。古人说："论大功者不录小过，举大美者不疵细瑕。"意思是，评定人的大功劳，就不必记他的小过错；推举高才能的人，就不必挑剔他的小毛病。这和子思的观点是一样的。

第二件事是指出卫国的政治风气不好。地位高的人做了错误的决定，下面的人却不敢指出错误，长久以往肯定会酿成大祸。究其根源，还是卫国国君识人、用人的眼光不行，任用那些只会歌功颂德、阿谀奉承的人。俗话说："上有所好，下必甚焉。"连国君都这样，下面的人肯定会更过分。从苟变不被重用这件事来看，卫国国君确实不是明君。正确的做法应该是重用贤才，包容贤才的缺点，而卫国国君的做法刚好相反，他重用的人缺点很大，才能却不见得有多少。这是用人的大忌。

6

秦孝公：取胜的关键是会用奇才

有才能，但又很奇特，这样的人我们将其称为"奇才"。正因为奇特，所以很难被人发现，也更难被重用。

《庄子》中有这样一个故事。

庄子有一天和惠施聊天。惠施说："有一棵大树，人们叫它樗。它长得歪歪扭扭，表面还有很多瘤，木匠都不喜欢它，认为它没用，不能用来做东西。你的学说就像这棵树一样没有用处。"庄子反驳道："你为什么不把它种在没人的地方呢？任人在树下徘徊，或者自由自在地躺下来休息。正因为它没用，所以它不会被人砍掉做家具。"

王安石说："通才之人，或见赘于时；高世之士，或见排于俗。"通才，是指全才，各方面都很优秀，既有才能，又能处理好人情世故，这样的人当然很受欢迎，就算是普通人也知道他们的才能。但是"高世之士"就不一样了，他们虽然有才能，但是特立独行，普通人很难理解，因此看不到他们的才华，或者无法在感情上认同他们。历史上，那些有旷世奇才的人，有的会成为众人排挤的对象，结果一生没有用武之地，就是这个道理。

在管理学上，这个问题经常会遇到。当公司陷入困局时，企业领导者能否分辨奇才？用不用他？怎么用他？俗话说"好鞍配好马"。想要用好奇才，首先，领导者得掂量一下自己有没有用好旷世奇才的能力，能不能帮他撑起一片天；其次，还要思考如何才能镇得住奇才，避免被反噬。

奇才的性格或许很怪，但是他们的能力是毋庸置疑的，能够找到奇才，用好奇才，会获得意想不到的效果。

[奇才商鞅]

秦孝公即位时，秦国的国力还比较弱小，在政治、经济、文化各方面都比较落后。秦孝公决心改变这种情况，于是下了一道求贤令，只要有人能让秦国富强起来，就封他做大官。

秦孝公的求贤令被一个叫商鞅的年轻人看到了。商鞅的祖先原本姓姬，后来改姓公孙，所以他的原名是公孙鞅，也叫卫鞅。因战功封商、於十五邑，号商君，因称"商鞅"。商鞅很小的时候就喜欢刑名之学，非常尊崇李悝的法家学说。起初，商鞅在魏惠王的相国公叔痤那里担任一个很小的官职。公叔痤知道商鞅的本事，把他推荐给魏惠王，想让商鞅接替自己的职位，但是魏惠王并没有重用商鞅。于是商鞅就离开了魏国。正好他听说秦国在招募人才，于是就去了秦国。

商鞅先后和秦孝公见了三次。第一次，商鞅说了帝道，把尧、舜等上古帝王的治国经验推荐给秦孝公。秦孝公听了以后非常沮丧，觉得这就是一个狂妄之徒，根本不能任用。第二次，商鞅说了王道，秦孝公听得差点儿睡着了。经过这两次见面，商鞅已经摸清了秦孝公的想法，于是在第三次见面时，大谈霸道，他说了一堆富国强兵的办法，秦孝公听得如痴如醉，两个人促膝长谈。

就这样，在秦孝公的支持下，商鞅开始在秦国推行变法。

制胜谋略

在治国方面，商鞅是当之无愧的天下奇才，他的变法使得秦国的国力迅速增强，最终成为统一六国的赢家。

然而，作为一个奇才，商鞅也是很难驾驭的，这一点从他的人生经历中就可以看得出来。在魏国的时候，尽管有公叔痤的举荐，魏惠王却依然不愿意重用商鞅，因为他没有看出商鞅的才华。商鞅到了秦国以后，一开始也不被秦孝公认可，直到他把自己的才华完全展现出来，秦孝公才终于知道，眼前的人就是自己朝思暮想的人才。

《庄子》中说："凤凰非梧桐不栖。"意思是，除了梧桐树以外，凤凰不会在其他树上栖息。商鞅就是这样一个人，只有遇到他认可的君主，他才会愿意停留。而且，只有在他自己愿意展现才华的时候，别人才会知道他是个奇才，否则大多数人根本看不透他。

7 商山四皓：人才不合作，该怎么办

　　世界上的大多数人都可以用金钱、地位、感情等打动，然后与其展开合作。然而，还有一些人十分特殊，明明是对他有利的事情，他也不愿意做；明明是对他好的条件，他也不愿意要。他们就像古代的隐士，不要金钱和名望，只想生活在自己喜欢的环境中。

　　在中国古代历史中，隐士是一种很特殊的存在，他们通常很有才华，却不愿意进入世俗社会中，连皇帝请他们出来做官都不肯。满腹才华，加上高洁的品行，使得隐士备受推崇。例如，东汉末年有个人叫胡昭，他年轻的时候就很有才华，名声很好，袁绍、曹操等人多次请他出来做官，他都不肯。最后，曹操也只好放弃，还对手下的人说，人各有志，不要为难他了。由此可见曹操对胡昭的珍惜，也可看出胡昭的特别，才能让拥有众多知名谋士的曹操另眼相待。

在企业经营和管理中，我们也会经常遇到这样的人。他们的能力很强，但是由于各种原因，无法加入公司，或者不愿意加入公司。遇到这种人，我们应当保持基本的礼遇，不能恶语相向，否则只会适得其反。虽然抱有遗憾，但是是否合作的决定权掌握在别人手中，我们也无法强人所难，只能尊重别人的意愿，希望以后有机会再合作。

[商山四皓]

刘邦建立汉朝以后，他和吕后所生的儿子刘盈就成了太子，但是刘邦最喜欢的是戚夫人生的赵王刘如意。刘邦经常对大臣们说，太子刘盈生性软弱，恐怕将来成不了大事，唯有小儿子如意言谈举止都像自己。因此，他老是想废了太子刘盈，改立赵王刘如意做太子。

吕后知道以后，总是提心吊胆的，很怕刘邦真的废了太子。有人给她出主意说："留侯张良擅长出谋划策，皇帝又愿意听他的话，还是请他给想个办法吧！"吕后无计可施，只好让他大哥吕泽去找张良。吕泽见了张良，对他说："如今皇帝天天吵着要更换太子，先生作为皇帝的谋臣，难道能袖手旁观吗？"张良不想插手管这件事，推辞说："皇帝从前在危难的时候，还能听我的话。如今天下已经平定了，皇帝想更换太子，这是他们父子之间的事，我也不好反对。"可是，吕后的请求张良也不好直接拒绝，只好又说："我听说皇帝有四位最尊重的老人，他们隐居在商山，叫'商山四皓'，皇帝曾经多次派人去请他们做官，他们都不愿意。要是让太子恭敬地写一封信，再找一个能言善辩的人，说不定能把他们四个请来。"于是，吕后就用这个办法，把"商山四皓"请来了，让他们辅佐太子刘盈。

第二年，刘邦的身体越来越差，就想赶紧把太子换了。张良劝说了几次，也没有用。有一天，刘邦在皇宫里举行宴会，看到太子刘盈身边有四位仙风道骨的老人，头发、眉毛和胡子都白了，感到很好奇，就走过去询问。四人说他们就是"商山四皓"，刘邦大吃一惊，急忙问道："从前我多次派人去请，你们都不肯出山，如今怎么又跟太子在一起？"他们："陛下一贯瞧不起读书人，我们不想受侮辱，所以不肯做官。现在听说太子仁慈忠厚、礼贤下士，天下的人都愿意为太子效劳，所以我们几个也赶来了。"刘邦听了，对他们说："那就麻烦你们好好地训教太子吧！"

刘邦对戚夫人说："我想换了太子，可大臣们都护着太子，他的羽翼已经长成了，没有机会换了。"

制胜谋略

　　历史上的读书人是非常看重礼仪的，但是刘邦对待读书人的态度是出了名的无礼，《史记》中记载了很多类似的故事。陆贾经常在刘邦面前引用《诗经》《尚书》中的句子，让刘邦非常讨厌，有一次破口大骂："乃公居马上而得之，安事《诗》《书》？"意思是："我是在马上夺的天下，要《诗经》《尚书》干什么？"陆贾就反问道："你在马上打天下，难道可以在马上治天下吗？"

　　刘邦虽然粗鲁，但毕竟不是普通人，他在听到正确的道理，意识到自己的错误时，还是会改正的。他知道"商山四皓"是不可多得的人才，于是派人去请，尽管没有成功，但还是非常尊敬他们。而且在失败以后，他还多次去请。从刘邦的做法中，我们可以得到一个启示：对待那些不肯合作的人才，仍然需要保持恭敬的态度。

　　有人说，只要不为己所用，再优秀的人才也跟废才没区别。持这种观点就表明格局太小了，别人不肯合作，你就贬低别人，甚至仇视别人，足见气量狭小。假如被他人知道了，非但不能得到一个好帮手，反倒给自己又树立了一个敌人，这是非常不明智的。

第四章
驭下——领导力的核心就是用人

人人都希望拥有人才，然而有了人才之后，如何驾驭又是一个难题。团队之间的竞争，说白了比的是用人的水平。没有正确的用人理念，有了人才也是白搭。领导者应当建立优秀的团队秩序，解决员工的后顾之忧，充分调动员工的积极性，同时还要做好员工的权力分配，这些都离不开谋略的运用。

1 三家分晋：秩序是团队管理的基石

团结就是力量，这是经过无数次实践检验的真理。战国时期的秦国名将蒙骜曾经说："如果让士兵们单打独斗，那么齐国比秦国厉害。如果是兵团作战，齐国远远不如秦国，因为秦人更团结。"自从商鞅变法以后，秦国就很重视社会风俗，让秦国老百姓"勇于公战，怯于私斗"，意思是，在参加军事战斗的时候勇猛善战，但是私底下不敢斗殴。正是靠着这种团队精神，秦国建立了一支虎狼之师。

这说明，在一个团队里，必须有清晰的管理秩序。人格尊严是平等的，但是每个人的岗位和职责是不同的。假如管理的秩序不明晰，每个人都按照自己的想法去做事，那么团队一定会陷入混乱中。企业要想在激烈的竞争环境中求得生存和发展，就必须具备团队精神，就必须让所有成员形成合力，形成一种合作博弈，才能在大风大浪中取得胜利。

一个优秀的企业，能够建立起稳定的秩序，依靠制度来提升团队的战斗力，同时也能优化决策，让下属也能主动反馈，避免企业领导者变成孤家寡人。例如，利用数据分析和信息技术手段，对数据进行挖掘和分析，为决策提供科学依据，提前做出调整，保持竞争优势。

[三家分晋]

春秋末年，晋国的朝政被赵氏、魏氏、韩氏、范氏、智氏、中行氏掌控，他们被称为"六卿"。后来，范氏、中行氏又被踢出局，仅存的四家中，又以智氏最强。

智家的领袖是智瑶，他是晋国的执政，独揽大权，先废了晋出公，改立晋哀公，随后又准备铲除赵、魏、韩三家。智瑶先是羞辱赵襄子、韩康子，后来又向三家勒索土地。韩康子和魏桓子心里恨透了智瑶，表面上却只能装作恭敬的样子，乖乖献上了土地。唯独赵襄子坚决不同意。于是，智瑶带着韩家、魏家一起攻打赵家，赵家只得退守晋阳。

晋阳是赵家的根据地，三家围攻了两年多时间，也没能打下来。智瑶把汾河掘开，水淹晋阳城，但是城里的人们仍然拼死抵抗。眼看着这样继续下去，迟早会被打败，于是赵襄子便派人去找韩、魏两家，对他们说："现在智瑶在攻打我们赵氏，等赵氏灭亡了，接下来就轮到你们了。"

韩、魏两家看到晋阳城的惨相，心里都很害怕，唇亡齿寒的道理他们非常清楚，于是三家一拍即合，决定反击。到了晚上，赵襄子派人杀掉守护河堤的智家的官吏，使大水决口，反灌智瑶的军营，致使智家的军队大乱。这时，赵襄子率军从正面杀入，韩、魏两家乘机从两边包抄，把智家的军队打得大败。智瑶本人也被杀。

把智家灭掉以后，晋国被韩、赵、魏三家瓜分。公元前403年，周王室把韩、赵、魏三家封为诸侯。

制胜谋略

春秋时期，晋国是实力强劲的大国，它最强大的时候能够同时压制秦国、楚国和齐国，以至于有人说"一部晋国史，半部春秋史"。

晋献公在位的时候，大力打压同族势力，同时起用异姓为士族，以才能决定官职。这样做的好处是提拔了一大批优秀的文臣武将，晋国的国力迅速增强；坏处则是让异姓家族掌控了权力，为最后的覆灭埋下了伏笔。

后来，晋国公室的力量逐渐弱小，而赵氏、魏氏、韩氏、范氏、智氏、中行氏等家族的力量在不断增强，最终赵、魏、韩瓜分了晋国。更重要的是，周天子给了赵、魏、韩三家正式的名分。自此，中国进入了战国时期。

　　古人非常看重名分，子路向孔子询问治国的方法，孔子说必须先正名，也就是确定名分。鲁国大夫季氏在家里办宴会，用了周天子的礼器，孔子气愤地说"是可忍，孰不可忍"。这并不是孔子迂腐，而是他看到了正名的重要性。名分代表的是一种政治秩序，也是国家的运行规则。任何组织都必须有一套运行规则，秩序是组织运行的基本保障。赵、魏、韩、智的内战，是对晋国政治秩序的严重破坏；周天子正式承认赵、魏、韩的诸侯地位，则是对周朝政治秩序的严重破坏。

2 孟尝君：要能干的人，还是要听话的人

作为领导，肯定希望员工既有能力又听话。员工有能力，就能给公司带来收益；员工听话，就意味着有较好的向心力、凝聚力，能够降低管理成本，减少内耗。

然而，人无完人，既有能力又听话的人，毕竟是少数。即便有这样的人，你又如何保证能够留下他们呢？

所以管理者用人不能有心理洁癖。有能力又听话的员工，一定要想办法留住，他们可以成长为企业的中坚力量。有能力但不是很听话的人，就尊重他们，同时给足资源，尽量避免闹翻。有能力却完全不听话的人，只能任由他们离去了。

[孟尝君的容人之心]

孟尝君曾代表齐王出使楚国。回来的时候，楚王为了表达礼

遇，送给孟尝君一张象牙床。孟尝君于是让一个叫登徒的人送回齐国。这项工作特别难做，于是登徒跟公孙戍说："这象牙床太贵重了，如果在运送的过程中磕碰一点儿，我倾家荡产也赔不起啊！如果您能让孟尝君收回这道命令，我愿意把我家祖传的宝剑送给您。"

公孙戍答应了。于是，公孙戍找到孟尝君，对他说："大家钦佩的是您的仁义清廉。现在您刚到楚国就收下了如此贵重的象牙床，那您以后再去别的国家，让别的贫穷的国家的君王怎么办？"孟尝君想了想，然后诚恳地答道："您说得对啊！"于是便没有接受楚王的馈赠。

公孙戍见事情办成了，心里很高兴，满脸笑容地准备离开。还没走几步，孟尝君又把他叫了回来："我看您兴高采烈地离开，步伐十分轻快，有什么高兴的事？"公孙戍只好把登徒托他办的事告诉了孟尝君。

然而，孟尝君并没有怪罪公孙戍，而是在门板上写道："如果有人能够扬我的名，止我的过错，哪怕他是为了私利也没关系，请快快给我提建议。"

司马光说："孟尝君真是能用谏之人啊！即使对方心怀奸诈，他也能虚心从谏。"

　　孟尝君，原名田文，和春申君、信陵君、平原君并称"战国四公子"。他们都是喜欢礼贤下士、结交宾客的人。后世说到某个人急公好义、仗义疏财，便会称他"赛孟尝"或者"小孟尝"。

　　孟尝君的门客有几千人，这些人受到丰厚的待遇，为孟尝君出谋划策、解决难题。这些人中，既有策士、辩士，也有武士、侠士；既有怀才不遇的君子，也有犯过罪的人。

　　由此可见，孟尝君对人才的标准放得很低，他不会因为别人的地位低或者犯过错，就鄙夷他，而是照样尊重他。有一次，孟尝君和门客一起吃饭，其中一个门客刚来投靠，对孟尝君的人品半信半疑。由于座位隔得比较远，这个门客以为孟尝君一定是给他安排了次等酒菜，自己却吃山珍海味，于是起身就要离去。孟尝君知道以后，端着自己的饭菜，走到那个门客面前。门客发现他们的食物是一样的，这才明白自己错怪了孟尝君，顿时感到无地自容，羞愧得自杀了。

　　这件事虽然只是一个小插曲，但也从侧面说明了孟尝君对门客的包容之心。

3 檀道济：如何避免功高震主的惨剧

古人说："木秀于林，风必摧之。"优秀的员工很难寻找；找到了优秀的员工，如何去用，这又是一个难题。当下属的功劳太高、权力太大时，就容易遭到上司的猜疑：万一他将我推翻了，取而代之怎么办？为了自身的安全，上司不得不将这个"强臣"除掉。

领导并不是全能的，即使起早贪黑地不断努力，也肯定有很多不足的地方。如果下属能力很强，又很能服众，有些领导就会感觉自己的地位受到了威胁，于是对下属的嫉妒之心就会越来越强，下属的处境也就会越来越危险。

作为领导者，即便下属的声望真的盖过了自己，也应该提前做好预案。领导者不应该吝啬赞美，而应该善于称赞下属。真正做到尊重员工，而不是嘴上哥俩好，背后捅刀子，员工才能真的对你保持忠心。

领导者应该不断学习，努力提升自己的能力和水平。想要找到千里马，首先你得是伯乐；想要驾驭千里马，你得拥有高超的骑术。在专业层面，领导者不可能事事都比下属强；但是在战略层面，领导者一定要比下属看得更远、更清楚。这样一来，领导者的能力和下属的能力形成了一种互补的关系，二者才能真正地携手共进。

【 自毁长城 】

南北朝时期，中国陷入混乱。当时，刘宋有位名将叫檀道济，他拥有很高的威望。他曾经跟着宋武帝、宋文帝南征北伐，立下很多军功，不仅国内的百姓很崇敬他，就连敌国的人也很忌惮他。然而，功勋卓著的檀道济也引起了很多人的嫉妒。

宋文帝一向体弱多病，时不时地就会大病一场。后来，宋文帝久病不愈，眼看着不行了，刘宋宗室的刘义康和刘湛都担心起来，他们一向对檀道济没有好感。于是，刘义康和刘湛跑到宋文帝面前，说："皇上您一旦驾崩，我们这些人哪个能控制得了檀道济？"

宋文帝听了以后，也担心檀道济会造反，于是下诏将檀道济召入京城。檀道济一身忠勇，未加防备，但是他的妻子十分担忧："功勋高于世人，必遭他人猜忌，现在无事而召见，应该是灾祸到了。"檀道济耿直地说："我领兵抵御外寇，镇守边疆。我不负国家，国家怎会负我？"于是坦然赶往建康。

宋文帝见到檀道济以后，并没有立刻下手，反而是经过几次长谈，疑虑减轻了不少，甚至还想放檀道济回去。但是随着宋文帝病情的加重，刘义康以图谋造反的罪名逮捕了檀道济。

檀道济被捕后，怒气冲天，目光如炬，一口气喝了一斛酒，说道："你们这是在自毁长城啊！"最后，檀道济被杀害，跟随他的几个儿子，以及薛彤、高进之等心腹部将也全部被杀。当时的人们悲伤不已，有歌谣唱道："可怜白浮鸠，枉杀檀江州。"

北魏的人听到檀道济的死讯，都说："檀道济已死，南方的那些小子再也不足忌惮了！"于是无所畏惧地进攻宋国，直逼宋都建康。此时宋文帝才感到后悔，他叹息道："假如檀道济还在，怎么会到这种地步呀！"

制胜谋略

檀道济的一生，是传奇的一生。他早年出身穷苦人家，后来加入北府军，一步步成长为东晋名将，同时也是南朝宋的开国功臣，成为宋武帝刘裕的左膀右臂，是战场上有名的"常胜将军"。后来，宋文帝即位的时候，也离不开檀道济的支持。按理来说，檀道济的功劳很大，人又忠心，应该受到重用才对，然而宋文帝仍然担心他功高震主。檀道济立下的功劳越多，宋文帝就越想除掉他。

然而，杀死檀道济之后，虽然宋文帝除去了一个心病，但是外敌依然存在，而且没了檀道济的帮助，南朝宋更难和外敌对抗了。这与当今的很多企业所面临的困局是一样的：不赶走能干的下属，领导难以心安；赶走了下属，企业的业绩又开始走下坡路。总结下来，领导者应当有容人的度量，即便下属真的"功高震主"，也不应该用内斗的形式赶走下属，而是应该用更聪明的方法获得下属的忠心。

4 亨利·福特：削弱下属权力，不能操之过急

面对一些功臣、重臣，领导者通常会对他们产生警惕之心，害怕他们会成为自己的威胁，因此总是试图削弱他们的权力。然而，针对下属的削权行动，领导者不应该进行得过于仓促，也不适合使用一些下作的手段，否则有可能引起下属的不满，导致内斗。

领导者关注的重点应当是大多数群体的支持，树立自己在员工心里的威望。从组织架构上来说，领导者是带领大家共同前进的人，为广大的基础员工争取利益，才能为自己赢得员工支持。这部分支持如果不稳的话，时间一长就容易出问题，因为这是你的"兵源"，有兵就是王。

功臣、重臣通常距离基层员工更近，他们负责完成具体的事务，但这也意味着他们与基层员工之间容易产生隔阂，因为功臣、重臣在做事的时候，更容易处罚员工。我们经常能在企业里看到这

样一种现象：高层管理者满脸笑容、和蔼可亲；中层管理者表情严肃。这是因为中层管理者需要负责具体的事务，有时会用处罚来威慑员工；而高层管理者更重视笼络人心，也更容易笼络人心。

获得基层员工的支持后，再对功臣、重臣进行削弱，就容易得多了。在削弱下属的权力时，为避免组织产生过大的震荡而导致危机，使用温水煮青蛙式的招数，当然是再好不过了。

[福特公司的内斗]

亨利·福特是美国汽车史上的传奇人物，他很早就提出了"使汽车大众化"的宏伟目标。但是，靠他自己一个人是不可能实现这样的目标的。亨利·福特第一次创办的汽车公司没两年就破产了。几年后，他再次创办汽车公司，聘请了管理专家詹姆斯·库兹恩斯担任公司的经理。库兹恩斯通过深入细致的市场调查，提出了具体的战略计划，还为福特公司设计了世界上第一条汽车装配流水线，劳动生产率得到了大大的提高，让汽车大众化成为可能。

遗憾的是，福特的远见卓识似乎至此戛然而止了。当他戴上"汽车大王"的桂冠以后，他变得自以为是、独断专行。他排斥不同意见，并宣称"要清扫掉挡道的老鼠"。为此，他先后清除了一批为公司做出过重要贡献的关键人物，包括被称为"世界推销冠军"的霍金斯，"最伟大的汽车工程师"之一的威利斯，"机床专家"摩尔根，传送带组装的创始人克朗和艾夫利，"生产专家"努森，"法律智囊"拉索，还有公司的司库兼副总裁克林根、史密斯等。

随后，福特公司不可避免地慢慢走向衰落，内部的争斗使得福特元气大伤。到威廉·福特接手时，公司每月亏损达九百多万美元——这就是不能接纳人才的后果。

威廉·福特接管之后，认真分析了之前的案例，从失败中吸取了经验，他不惜高价，聘请了"蓝血十杰"，又用提供股票特权的方式从通用汽车公司重金挖走布里奇。布里奇来到福特之后，又给公司带来了几名高级管理人员。这些人对公司进行了一系列改革，使公司重新焕发了生机，利润连年上升，并推出了一种外形美观、价格合理、操作方便、适用广泛的"野马"轿车，创下了福特新车首年销售量的最高纪录，把"福特王国"又一次推向了事业的高峰。

然而，就在威廉·福特获得巨大的成功时，魔咒悄然降临。他独断专权、嫉贤妒能，布里奇等人被迫离开了福特公司。最终整个公司人心浮动，人才外流，福特公司再次陷入困境。

　　亨利·福特与威廉·福特都希望削弱下属的权力，并且把那些功臣、重臣们的权力收回到自己手中，但是他们明显操之过急了，不讲战术，甚至不讲道理，使得公司里那些真正能做事的人感到心寒。于是，福特公司陷入长期的混乱之中，给公司的正常经营带来了很大影响。

　　亨利·福特与威廉·福特的行为，正是过河拆桥、卸磨杀驴，这是一种很不道德、很不光彩的行为。即便能够成功，也会让公司里的其他人感到心寒。这种行为不仅会破坏企业内部的信任关系，还会破坏员工的积极性和创造力，最终导致企业的灭亡。因此，在企业管理中，我们一定要牢记"过河拆桥只有死路一条"的道理，要做到合作共赢。即便削弱下属的权力，也应该遵循基本的道德准则。

5 周幽王：欺骗得不到真正优秀的员工

人无信不立，真正高明的领导者，是不会玩弄别人的，更不会愚弄下属。信誉比钱贵，贪心失顾客。欺诈、蒙骗来的不义之财，只会让人陷入深渊。

企业同样需要诚信。信誉是一种宝贵的资源，它直接关系到企业的生死存亡。面对日益激烈的市场竞争，企业只有意识到信誉对企业的重要性，只有视职业操守为生命，才能长久地发展。信誉长期积累，就会变成无形资产，构成企业重要的新的资本形态，支撑企业和产品的品位。这就是企业的信誉文化。

但是在现实生活中，有一些人认识不到诚信的力量，仅仅为了一点儿小名小利，就抛弃自己的人格和名誉，这是一种多么可悲的行为啊！要想使自己的事业有大的发展，就必须讲信誉，否则永远无法走出人生的困境。

当人才觉得领导没有兑现诺言时，他会认为这样的领导不值得追随，因此谎言无法留下真正优秀的人才。真正优秀的人才要的不仅是金钱，还有自我价值的实现，这是谎言无法做到的。

[烽火戏诸侯]

周幽王是西周最后一任天子，他荒淫无道，宠信佞臣，压榨百姓，导致人民的不满情绪高涨。再加上当时的都城附近发生了一场大地震，还有干旱等天灾，导致了西周社会矛盾迅速激化，统治陷入崩溃的边缘。然而，周幽王我行我素，有忠臣劝谏，他反而把那人抓了起来。

周幽王有个宠妃，名字叫褒姒，长得十分貌美，还为周幽王生了一个儿子。周幽王对她视若珍宝，甚至想把太子废了，改立她的儿子为太子。然而，褒姒虽华衣美食，独得王宠，却整天郁郁寡欢，不知道是什么原因，俨然一个冰山美人。这可愁坏了周幽王。

这时，有个人站出来，说："娘娘估计是整天待在宫里，太闷了。我有个主意，现在国家太平，很少打仗，那些士兵闲着也是闲着，不如咱们点燃烽火，让那些将士跑来跑去，兴许娘娘看了就开心了。"

周幽王一听，觉得这是个好主意。于是，他命人点燃了烽火。全国各地的诸侯看到烽火，还以为是犬戎打到京城了，于是立马带着士兵，慌慌张张地赶了过来。谁知道，到了之后连半个敌军都没有——原来是周幽王开的一场玩笑。

诸侯们得知被戏弄，十分气愤，怀怨回去了。褒姒看着山下士兵手忙脚乱的样子，终于被逗笑了。周幽王为此数次戏弄诸侯们，诸侯们渐渐地不再来了。后来，犬戎真的打了过来，周幽王赶紧让人点燃烽火。然而，这次再也没有人来救他了。西周的都城镐京就这样轻而易举地被攻陷了，西周王朝也被卷入历史的车轮，一去不回。

制胜谋略

周幽王是个轻佻的人，把国家大事当作儿戏，戏弄诸侯、无视民众的苦难，这些都是导致西周灭亡的关键因素。在周幽王眼里，美人的笑更珍贵，他从未考虑过子民的安危，于是做出了烽火戏诸侯的荒唐事。

从这个故事中我们可以看出，诸侯起初对周王室还是很忠心的。周幽王第一次点燃烽火时，诸侯们便立刻率兵从四面八方赶来，他们不顾惜自己的生命，也要帮助天子抵御外敌。然而，他们来到都城时，看到的却是一个不珍惜社稷、视诸侯如玩物的昏君。后来，周幽王的一次次欺骗让诸侯看清了他的本质，诸侯的忠心也逐渐消失了。

一个领导者的真正的财富，是员工对他的信任。信任是领导力的根基，也是凝聚整个组织的黏合剂。领导者不可能在一次又一次地失信于人后，还继续保持对他人的影响力。当领导者欺骗下属的时候，下属对领导者的忍耐力也在逐渐下降，当这份忍耐耗尽时，就是领导者走向失败的时候。到那时，一切为时已晚。

6 曹丕：如何应对撒谎的下属

领导者和下属之间，难免会出现信任问题，领导者会对下属撒谎，下属也会对领导者撒谎。这是一类非常棘手的管理问题，因为领导很难了解事情的全部真相。万一听信了下属的忽悠，会给公司带来损失；万一误解了下属，又会寒了下属的心。

有的人道德观念比较薄弱，面对领导时会经常撒谎，他们并不认为说谎是不道德的。还有的人是被迫撒谎，当他们遇到自己无法解决的困难时，他们由于担心受到领导的惩罚，于是选择撒谎。

面对这两种情况，领导者应当采取不同的应对措施。

对付说谎高手，关键不在于准确判断他们是在说谎还是在说实话，而是应该把目光放在他们的行动上，用结果说话。当他们露出马脚时，你可以温和地揭穿他们的谎言，以此告诉他们，你并不像他们想象中那么好糊弄。

面对偶尔说谎的人，最好的方法就是给他们更多的安全感，让他们感觉被接纳，不需要对你说谎。总的来说，他们还是比较诚实的，是可以改正的。当他们做错事时，损失已经造成，此时最重要的是积极补救，而不是让谎言延误补救的时间，造成更大的损失。

["三不欺"]

三国时期，魏文帝曹丕和大臣王朗进行过一次交谈。魏文帝说："春秋时期的子产治理郑国，由于他的明察，百姓不能欺骗他；子贱做单父的县官，着重在教化，百姓感激，不忍欺骗他；西门豹做邺令，靠刑罚来推行政令，百姓都害怕他而不敢做欺骗的事。你认为哪个做法更高明呢？"

子产是春秋时期郑国著名的政治家，他在位期间，事无巨细，亲力亲为，把郑国治理得"门不夜关，道不拾遗"。他允许国人议论政事，并愿从中汲取有益的建议。对有利于国家的改革，他不顾舆论反对，强制推行。他"铸刑书于鼎"，公布成文法，积极推行经济改革措施。他的为政之道是以察为主，明察秋毫，使得百姓不能欺骗他。

宓子贱是春秋末期鲁国人，是孔子的弟子。他在治理单父县时，虽整天弹琴作乐，悠然自得，却把单父县治理得很好。他重视选用当地的贤人高士，以"不忍人之心"，行"不忍人之政"，使得民"不忍欺"，做到了"鸣琴而治"。

西门豹是战国时期魏国人。他做邺县县令时，发现有官吏和巫婆勾结，假借"为河伯娶妇"，骗取百姓钱财。于是，西门豹以向河伯禀告为借口，把巫婆、官吏都扔进河里，一举破除了这一陋习。而后又兴修水利，颁布律令，禁止巫风，用重典治乱世，百姓都不敢欺骗他。

制胜谋略

古代官吏为了让百姓真诚、不说谎，常用三种方法：一是靠道德感化，让百姓不忍说谎；二是靠监督，让百姓没有机会说谎；三是靠惩罚，让百姓不敢说谎。这三种方法都能减少百姓说谎的可能性，但是效果不同。

最理想的结果，当然是用道德感化，让百姓成为道德高尚的人，发自内心地不愿意说谎。官吏按仁义道德行事，百姓自然感恩戴德，这就合乎孔子所说的"道之以德，齐之以礼，有耻且格"（用道德引导百姓，用礼制同化他们，使他们有知耻之心，则能自我检点而归于正道）。但是这种方法的不足也很明显，那就是所需的时间太长。俗话说"江山易改，本性难移"，人性是经过长年累月形成的，要改变人性是非常困难的。

第二种方法是依靠监督、监察，使百姓说谎的机会减少，这也是一种行之有效的做法。

第三种方法则是靠惩罚、威吓，让百姓不敢说谎，它通常和第二种方法搭配使用。监察系统发现有人说谎、作假时，根据已经制定的条例，对他们进行处罚。这种方法见效很快，但是也有缺点：它不能让百姓真正地消除说谎、作假的意愿，反而会让他们使用各种手段躲过监察，还自认为很高明，这就是孔子所说的"道之以政，齐之以刑，民免而无耻"（靠政治法令来治理因家，用刑罚来管理人民，有人干了坏事能逃过法律的制裁也不觉得羞耻）。

这三种方法各有利弊，关键在于如何使用。如果能将它们结合起来，形成组合拳，效果可能会更好。平时和下属推心置腹，用道德感化他们，制定制度，规定不许说谎、作假，否则将会受到对应的处罚。

7

宋江：遇到刺儿头，该如何管理

如何管理刺儿头，这是一门很难的学问。

刺儿头有几个明显的特点，例如脾气大、爱怼人、处处与人不和。即便是领导交代的任务，他们也不见得乐意完成。当有不同的意见时，他们还会和同事及领导发生争吵。对于这类人，工作任务往往很难安排下去，所以他们常常让领导感到头疼，让同事陷入无奈和不安。

然而刺儿头的优点也很明显，脾气大也意味着他们的韧性更强、更有主见。如果用好了，他们就能变成团队的一把"尖刀"。

一个团队里应该有各种各样的人。如果全都是"乖孩子"，就没有一点儿冒险精神，这不是一种理想的状态。如果团体里没有刺激，成员就容易变得松懈，失去斗志。刺儿头就像马蝇一样，能给团体一些刺激，尽管有好有坏，但是所有人的情绪都被调动起来了，不会死气沉沉的。

刺儿头其实是没有心机的，他们把自己的个性和情绪都暴露在外，通过他们的表情，你就知道他们在想什么。这样的人，其实并不难管。

面对刺儿头，领导者需要有容人的肚量，只有容得下刺儿头，才能让刺儿头发挥他们的价值。被刺儿头当众冒犯时，不必急着打压，这不是解决问题的正确方法。应该看看刺儿头的优点，并且了解他们的喜好及价值观，顺着正确的方向去管理。

[刺儿头李逵]

李逵是《水浒传》中的一位重要人物，他可能是一百零八将中最鲁莽、耿直的刺儿头，经常惹祸，但同时也是对宋江最忠心的人。只要宋江一声令下，李逵就会赴汤蹈火、一马当先。他从不问对错，宋江说的话就是李逵心里的标准答案。然而，李逵也经常因为鲁莽的性格顶撞宋江。

李逵和宋江第一次见面时，戴宗和宋江正在一家酒楼里吃饭喝酒。李逵见到宋江，说的第一句话就是："这黑汉子是谁？"李逵的外号是"黑旋风"，却指着宋江说"黑汉子"，一点儿都不客气。

等到戴宗正式介绍了宋江，李逵说："莫不是山东及时雨黑宋江？"戴宗见他这么不礼貌，就斥责他，让他赶快下拜。李逵却又说："若真个是宋公明，我便下拜。若是闲人，我却拜甚鸟。"

第一次见面，说出三句话，句句都是冒犯人的话，一点儿礼貌都没有。面对这样的刺儿头，宋江却没有责怪，听到他欠别人钱时，宋江直接掏了十两银子给李逵还债。宋江对李逵的评价是："我看这人倒是个忠直汉子。"

宋江的反应体现了一个管理者的基本功，一出场就把刺儿头李逵给镇住了。

制胜谋略

李逵的性格是十分极端的，高兴时可以和别人称兄道弟，不高兴时也会对无辜的人大开杀戒。这是个典型的刺儿头。如果是一般的领导者，在面对李逵这样的人时，难免会因为价值观和生活习惯等因素，对李逵产生负面印象，也就不可能真正收服李逵。对李逵身上的缺点，宋江选择视而不见，反而一眼就看到了李逵直爽率真的一面。

从这里也可以看出，宋江是一个有远大抱负的人，会随时留意身边的可用之人。他会把那些有才华的人不断地纳入自己的队伍中，来壮大自己的实力。除了李逵这样思维简单的人，就连吴用、林冲等聪慧的人，后来也忠心于宋江，处处维护他，甘愿为他出生入死。

在小说中，我们也可以发现，宋江对李逵并不是一味迁就的，而是多次责骂他，真正做到了软硬兼施。例如，当宋江一心寻求招安时，武松第一个站出来反对："今日也要招安，明日也要招安去，冷了弟兄们的心！"李逵也跟着反对："招安，招安！招甚鸟安！"然后一脚踢翻了桌子，宋江没有责骂武松，而是把李逵大骂了一通。甚至到最后，宋江亲手结束了李逵的生命，李逵也没有怨言。

第五章

任势——在竞争中掌握
主动权

竞争既是力量的对抗，又是智慧的对抗，更是势能的对抗。势是一种无形的力量，是事物变化的方向，一旦掌握了势，就掌握了竞争的主动权，团队的战斗力自然会变强。高明的战略家总是能够准确判断局势的发展，借助势的力量，用最小的代价取得胜利。

1 孙膑：竞争的关键是争夺主动权

在竞争中，最有效的竞争方法是什么？当然是进攻。率先发起进攻，掌握主动权，从而可以采取对我们有利的方式来竞争。

在竞争的过程中，如果你发现自己始终不占优势，被别人压着打，一定要好好思考一下，是不是主动权不在自己手里。如果主动权不在自己手里，就应该想想如何把主动权夺回来，这样才有可能打开局面。

大家都知道主动权的重要性，没有人会把主动权拱手让给你，所以不要把胜利的希望寄托在对手犯错上。重要的是要找出自己的优势，逼迫对手进入你的主场，从而调动对手和反制对手，甚至击败对手。

比如，在商业竞争中，要想掌握市场的主动权，就应该深入根源，从消费者的需求入手，而不是一味地盯着对手的动作，对手做什么，你也针锋相对地做什么，这就相当于跟着对手的脚步走。对手之所以采取那样的竞争方法，是因为那种方法最适合他，然而并不一定适合你。回归商业的本质，分析消费者的需求，看看有哪些需求是对手还没有满足的，然后推出新的产品，这样才能形成差异化竞争。接着，进行必要的引导，从而改变消费者的认知。这是一个让消费者对商家产生依赖的过程。如果能成功做到这一步，那么消费者就会认为你是独一无二的，你的产品也就能轻松卖出溢价，而不会陷入打价格战的尴尬境地。

[围魏救赵]

战国时期，庞涓在魏惠王的支持下，率领精兵攻打赵国。赵国都城邯郸被围，赵王派人向齐国求救。齐威王找到了田忌和孙膑，命令田忌为帅，孙膑为军师，带兵救赵。

孙膑是庞涓的同学，两个人都是鬼谷子的学生。庞涓因为嫉妒孙膑的才能，便用阴谋诡计谋害孙膑。孙膑很了解庞涓，知道此时正面与魏军主力决战并不是一个好主意。于是，他对田忌说："魏军实力强大，赵国抵挡不住，如果我们直接去赵国，恐怕救不了赵国。"田忌问："依你之计，我们该怎么办？"孙膑说："我们不如声东击西，带兵去打魏国的首都大梁。庞涓知道后，肯定会回军救援。到时候，我们从半路截击，以逸待劳，肯定能取胜。"田忌闻此连连点头，说："妙计！妙计！就依军师高见。"

当齐军到桂陵时，孙膑又对田忌说："桂陵是魏军撤退的必经之路，我们应该在此设伏。"田忌又依孙膑的计谋而行，让军队在此埋伏。

果然，正如孙膑预料的一样，当齐国的士兵逼近大梁时，魏惠王如临大敌，慌忙召回庞涓。庞涓无奈，只能立刻下令，丢掉粮草辎重，火速回师。魏军久围邯郸，已经非常疲惫，又经过一段急行军，更是疲惫不堪。魏军到达桂陵，突然遭到伏击，哪里还能抵挡得住？不多时，魏军大败，齐军大胜而归。庞涓遭遇一场大败，只能仓皇逃回大梁。邯郸之围就这样解除了。

制胜谋略

围魏救赵的核心思想是"必攻不守"，强调先发制人，夺取战场主动权，不能一味地消极防守。正如《孙子兵法》中所说："故我欲战，敌虽高垒深沟，不得不与我战者，攻其所必救也。"意思是，我军要交战，敌人就算垒高墙、挖深沟，也不得不出来与我军交战，是因为我军攻击了它非救不可的要害之处。按理来说，敌军躲在深沟高垒里，已经很安全了，我们如果直接去进攻的话，肯定会非常困难。这时更应该掌握主动权，或逼迫，或引诱，让敌人从舒适区中走出来，来到我们选定的战场。

这是一种采取间接手段从而实现军事目的的策略，强调的是避开对手的优势力量。正如围魏救赵的故事，按照一般人的思路，既然要救援赵国，那么就应该带兵去邯郸，和魏军战斗。然而孙膑很清楚，当时的魏国军队很强大，齐军经过长途跋涉，就算赶到了邯郸，也未必是魏军的对手，所以他想到了用其他方法来达成目的。

　　"攻其所必救"的核心目的在于调动敌方的军事力量，其中"必救"指的是敌人非常在乎但防御力量薄弱的地方。如果向一个对敌方来说无关痛痒的地方发起进攻，敌方若是不为所动，那我方就是将主动变为了被动；若某地对敌方来说虽然重要，但却已经有了坚固的防守，纵使我方发起猛烈的进攻，也无法使敌方来救援，我方一旦攻而不成，便是自损兵力。

2 间组建设公司：懂借势，会借势

势，是一种形势、趋势、趋向，它是力量的外在体现。借势，就是找到比你更强势、力量更强的人，借助他们的力量提升自己。要想成功，就一定要学会借势，不要与大势相抗。

老子说："上善若水。"水是天下至柔之物，却蕴含着无限的力量。一滴水滴在身上，你几乎没有感觉，但是汇聚成海水，借助台风和海啸的力量，甚至可以摧毁一座城市。水是善于借势的，遇方则方，遇圆则圆。不过，水同时也是崇尚自然、顺应自然的，从来不违背自然的规律。我们做事也应如此，可以借助一些外在或者内在的力量来提高我们做事的效率，但是不能急于求成，否则会适得其反。

小米公司的创始人雷军说："站在风口上，猪都能飞起来。"猪没有翅膀，本来是不会飞的，但是当时代的风口来临时，猪也能站在风口上，借助风的势能，实现腾飞的梦想。

在人生的发展中，我们同样需要学会借势。在一个高速发展的社会中，一个普通人想要改变自己的命运，干出一番事业是很不容易的。仅仅依靠自身，能够产生的力量是很有限的。只有学会借势，才能实现四两拨千斤，获得更长远的发展。很多人的能力并不强，但是他们很善于处理人际关系，找到比自己更优秀、更具实力的人合作，从而平步青云、一飞冲天，这就是因为他们非常善于借势。

[广告借势案例]

日本有一家公司，名叫间组建设公司，主要从事土木工程行业。在日本，广为人知的建筑公司主要有五家，间组建设公司的实力比较弱，无法与这五家公司抗衡。

间组建设公司的发展因此受到了限制。每次和客户谈生意时，客户都会认为间组建设公司只是一家小公司，稍大一点儿的项目就无法谈下去了，因为客户不愿意冒着风险去和一家小公司合作。这让间组建设公司的创始人神部感到非常苦恼。

经过一番思索之后，神部想到了一个大胆的方法：他让员工提升广告宣传费用，每次做广告时，都把那五家建筑公司的名字写上，然后把间组建设公司的名字写在后面，统称为"六大建设公司"。行业内部的人士当然知道这是神部在故意炒作，给自己脸上贴金，因此普遍持嘲讽的态度。然而行业外的人士可不这么想，他们信以为真，将间组建设公司也当作日本一流的大型建设公司来看待。长此以往，间组建设公司的名字被更多的日本普通人所知晓，于是知名度迅速上升，订单量也跟着提升了。

神部的举动就是一种典型的借势，他借的是头部的五家建筑公司的势能。网络上有个笑话，说的是刘禅吹嘘当年和赵云在长坂坡的经历。刘禅说："我当年和我赵叔（赵云）在长坂坡七进七出，那叫一个嘎嘎乱杀，赵叔负责乱杀，我负责嘎嘎。"赵云说："要不是你，我一次就出来了。"实力弱小的人搭上一个实力强大的人，也是一种借势。

作为一个普通人，我们无法借到五大建筑公司和赵云那样的势能，但在现实中，我们依旧可以将借势思维应用起来。十年前，开淘宝店能赚钱；五年前，做自媒体能赚钱；两年前，做短视频能赚钱……很多人正是抓住了趋势，借着各个平台的势能，加上自己的努力，实现了人生的逆袭。

借势是一种智慧，势能是看不见、摸不着的，只能凭借自身的经验去感受、去判断。比如，借天时与借地利，本身没有高下之别，主要看你怎样运用。四两何以敌千斤？是因为前者善于借，它合乎事物之道，利用借力击败对方。对于借者，在借外在力量时，只有合乎事物之道，才能取得理想的效果。

善借势者能出神入化地使用它，而且往往能水到渠成；不会借势者则处处留下造作的痕迹，结果是南辕北辙，适得其反。借势是一门艺术，它值得你一辈子揣摩它、研究它、使用它。

3 华为：避实击虚，攻其不备

　　中国文化讲究虚实之分，在竞争中自己的短处可以视为虚，自己的长处则可以视为实。竞争就是要用自己的长处攻击别人的短处，这就是所谓避实击虚。《孙子兵法》中说："夫兵形象水，水之形，避高而趋下；兵之形，避实而击虚。"意思是说，用兵打仗像水的流动，水流动的规律是避开高处而流向低处；用兵打仗的规律，是根据敌情，避开敌人坚固的地方，攻击其薄弱的地方。克敌制胜的关键是避敌之实，击敌之虚。

　　敌我的虚实并不是固定的，因此我们必须经过实际勘查，然后对敌我双方的各种力量因素进行对比分析，才能掌握双方的有利条件和不利条件，了解虚实情况。敌我双方的力量因素所处状态的差别，形成了敌我双方的虚与实。敌人的优势，可能就是我方的劣势；我方的优势，也可能是敌方的劣势。双方都可能利用避实击虚的战法，预测对方的战略、战术和动向，然后先发制人。在这种情况下，我们必须保守秘密，不轻易透露自己的真实情况，使对手无法了解我们的计划或意图。最好的做法就是走自己的路，让别人想不到，就算知道也无法跟着走。

[华为的避实击虚]

华为公司刚刚成立时只是一家小公司，既没有技术，也没有资金，在国内外的各个竞争对手面前，很难取得竞争优势。因此，任正非决定避开正面竞争，埋头在二线城市和广大的农村市场耕耘，走"农村包围城市"的道路。

在二十世纪八九十年代，装配电话的费用非常高，仅初装费就高达五千元，人们很难负担得起如此高昂的费用，更别提广大的农村地区了。因此，跨国巨头们对中国的农村市场不感兴趣，他们把眼光集中在大城市上。这就给华为提供了大展拳脚的机会，华为很快就抢占了大片的农村市场，并且积累了大量的资本。随着研发实力的提升，华为在技术和资本上都有了足够的积累，开拓城市市场也就水到渠成了。

任正非决定优先与地方上的邮电支局合作，让华为生产与邮电局的建设接轨，形成紧密的合作关系。1993年，江西某地的邮电支局向华为伸出橄榄枝，成为华为在地方上的第一个突破。有了第一次成功的经验，华为接下来的道路越走越顺畅。很快，更多的邮电局开始购买华为的产品，并且让华为提供一系列的售后服务。就这样，华为顺利进入了各省的城市里。

值得一提的是，在华为进入四川市场之前，上海贝尔公司已经先人一步，在四川占据了将近90%的市场份额，华为几乎不可能赢得这场战争。但是华为并没有打退堂鼓，而是制订了极其周密的计划。华为以极其低调的姿态进入四川农村，先以免费的方式为客户布设接入网，再售卖交换机，这一招令上海贝尔公司防不胜防，最终它被华为的低价策略击败。

在攻取国外市场时，华为同样采用了这样的策略，先占领通信产业较为落后的国家和地区，积累了足够的实力之后，再向欧美市场发起进攻。很多别人不敢去、不愿去的地方，都有华为人的身影。华为人凭借着自己过硬的实力和不懈的努力，最终赢得了用户的认可。

制胜谋略

在拓展市场方面，华为选择了与许多高科技公司截然不同的道路。许多欧美的高科技公司习惯于先占领发达国家的市场，再向发展中国家销售廉价产品，希望能够扩大低端市场。对他们来说，高端市场是需要精心维护的基本盘，而低端市场的重要性则小得多。但是华为的道路恰恰相反，华为先从农村地区入手，积累了资金和技术之后，再向高端市场发起进攻。对华为而言，农村市场才是它的基本盘，而高端市场则是它的最终目标，二者缺一不可。

华为的这种"农村包围城市"的策略来自革命时期的成功经验。它包含了保存有生力量、以面制点、战略转移和地缘经济等意义。事实证明，这种方法是行之有效的，对今天的企业经营管理依然具有指导意义。

4 海伦·凯勒：遇到贵人是一种幸运

俗话说："背靠大树好乘凉。"在现实生活中，我们办事情时，如果有贵人相助，就会容易很多。

而想抓住贵人，必须先识别出贵人。大多数人印象中的贵人，是指身边那些握有势力、权力的人，但是这并不全面。判断一个人是不是贵人，关键不是看对方是否有钱、有资源，而是要看对方能够为你带来什么。金钱、权力、经验、智慧……只要是能让你有收获的，就可以称为"贵人"。

遇到了贵人，还得让贵人愿意帮你。只会拉近乎、搞关系，这是远远不够的。贵人的阅历和经验远远超过你的，你有多少实力，心里有什么想法，在贵人面前，是很难藏得住的。想要抓住贵人，前提是你值得被帮助。这样的机会往往不属于职场新人，因为你的能力还没有达到让人另眼相看的地步。只有放弃预期，做好眼前的每件事，才能真的遇到贵人。

伯乐和千里马的关系，是互惠互利的。伯乐发现了千里马，千里马因此平步青云，而伯乐也得到了好名声。这并不是鼓励唯利是图，而是强调双方以诚相待，既然你有恩于我，日后我必投桃报李。有的人把贵人当成工具，更有甚者，把贵人当成抹布，用则珍惜，不用则弃，这是对贵人人格上的侮辱，是万万不行的。

[海伦·凯勒的贵人]

美国大文豪马克·吐温曾经说过："十九世纪出现了两个了不起的人物，一个是拿破仑，另一个就是海伦·凯勒。"

海伦·凯勒一岁半时，被一场突如其来的疾病（猩红热）夺去了视觉、听觉及语言能力。她无法接受这样惨痛的事实，变得十分暴躁。

她的父母十分痛心，就托人帮她找家庭教师。就这样，海伦·凯勒遇到了改变她一生的贵人——安妮·曼斯菲尔德·莎莉文。莎莉文女士当时只有二十岁左右，却有勇气接受这样一个挑战。

海伦·凯勒在书中写道："我根本无法用几个简单的字，把安妮·莎莉文在一个月内将陷于黑暗苦楚的海伦·凯勒拯救出来的伟大事迹讲述清楚。"

莎莉文老师的教学方式十分特别，海伦·凯勒说："我们走到井边，有人在吊水，老师把我的手放到水里。清凉的水涌到我的手上，老师在我的手心中拼写了w-a-t-e-r（水）这个词。开始我拼得很慢，后来越拼越快，我的注意力全凝聚在她的手指上。突然，我灵光一闪，领悟了water这个词，它指的正是这种奇妙的、清凉的、从我手上流过的东西。就是这个词唤醒了我的心灵，使我的心灵得到了自由，因为这个词是活生生的。"

遇到莎莉文老师后，海伦的生活发生了翻天覆地的变化，她不仅学会了认字、拼写，还学会了基本的生活礼仪，甚至学会了说话。二十岁时，海伦的学识已经达到了很高的程度。1900年，海伦成为拉德克利夫学院的新生，她先后学会了英语、法语、德语、拉丁语、希腊语五种语言。

制胜谋略

　　海伦·凯勒双目失明，没有听觉，连正常的生活都很难独立完成，幸好她遇到了莎莉文老师，莎莉文老师是她一生的贵人。莎莉文老师在海伦身上倾注了大半生的精力，二人结下了深厚的友谊。

　　俗话说："一个篱笆三个桩，一个好汉三个帮。"不善于利用他人的力量，光靠自己单枪匹马闯天下，是很难有所作为的。

在向成功之路迈进的过程中，应该随时随地留心周围人的品质、能力及其影响力，要用真心去结交贵人。贵人能否在关键时刻帮助你，还要看你平时的表现如何。这就要求你与人交往时，目光要长远，不因小利而不为。如果与贵人发生了矛盾，应当想办法修复关系。"小不忍则乱大谋"，这是古训。韩信能忍胯下之辱，张良能为黄石公拾履，这些都是我们的榜样。平时的基础打好了，量变积累终会转变为质变，也就会"得来全不费功夫"了。你待别人好，别人也自然会对你好，关键时刻帮助你一把也在情理之中。这样看来，借"梯"的功夫完全包含在为人处世当中了。

　　很多人并不是没有遇见贵人，而是放不下架子，放不下心中的尊严和傲慢，不愿意向别人求助，总觉得这样做有损自己的面子。其实，这些想法都是毫无必要的。

5 胡雪岩：让别人成为你的人脉

戴尔·卡耐基说："一个人的事业成就百分之八十五来自人脉关系，只有百分之十五来自专业知识。"可见，人脉是非常重要的资源。在职场中，起初或许要靠学历和专业能力才能站稳脚跟，但是随着时间的推移，学历已经变得不再重要，能力也逐渐趋同，人脉则会变成决定人生之路的关键。

人脉就像树的根脉，一棵树苗想要长成参天大树，需要根脉为它提供养分。人脉广，就比较好办事。独木不成林，单丝难成线，没有人脉的人注定难以成功。你的人脉里有一百个人，也许就有一百条出路。也许，影响你的前途的，就是那么几个重要人物。因此，应该将人脉资源经营管理纳入你的长期职业规划之中，从而养成经营人脉的习惯。

现在就开始进行人脉的布局，早一点儿安排自己的人脉关系，从而累积你的"人脉储蓄"，经营你的人脉资源。几年后，你将会发现身边到处都是可用之人，一个短信、一通电话也许就能解决你的棘手问题，进而实现你的目标。

人脉要在平时就注意累积。平时对人好三分，遇到困难时，别人才会愿意对你好一分。如果别人在雪中时你送炭，那你在寒风中时别人就会递件衣。平常对别人不理不睬，有事再想求人，恐怕就没那么容易了。人脉需要长时间的积累和沉淀，就像是挖一口井，付出了汗水，得到的将是源源不断的甘醴。

[胡雪岩的人脉]

胡雪岩是清末有名的大商人。他幼年家贫，十三岁时就开始在外闯荡。幸运的是，杭州阜康钱庄的于掌柜看他机灵，把他收为学徒。于掌柜膝下无子，去世之前，就把胡雪岩当成继承人培养。于掌柜就是胡雪岩人生中的第一个大贵人。

胡雪岩接手钱庄后不久，就遇到了一个难题。当时浙江有个官员叫麟桂，他遇到了困难，想从钱庄借一笔钱。若是在平时，这肯定是个结交官员的好机会，但是麟桂一开口就要五万两银子，而胡雪岩的钱庄里总共只有四万两银子。更让人担忧的是，据说麟桂马上就要调离浙江了，万一以后麟桂不还钱，想找到他都很困难。

然而，胡雪岩并没有犹豫，他只是对麟桂说了句："没问题。"谈到利息时，胡雪岩说："只要一厘。"麟桂很惊讶，这个利息是远远低于市场行情的。

面对麟桂的惊讶和疑惑，胡雪岩解释道："大人您现在遇到了困难，按理来说我是不应该问您要利息的，这有违道义。但是不要利息，又不符合我们这一行的规矩，因此我只要一厘。"这件事使麟桂对胡雪岩留下了深刻的印象。

从这个故事中，我们可以看出：胡雪岩不仅拥有经商的头脑，还非常善于经营人脉。他的人脉遍布政界和商界，其中最为人所知的便是大将军左宗棠。胡雪岩也因此被人们称为"红顶商人"。

制胜谋略

做聪明人，就要善于积累成大事的资本，人脉就是最大的资本之一。有心的人平时就注意结交贵人，当自己遇到困难时，就能左右逢源，而不至于孤立无援。要想成就一番大事，光靠自己是绝对不行的。只有人脉经营得好，你才能得到更大的成功。

与人相遇是常有的，但发展成人脉却不是常有的。你可以通过扩大自己的接触面来建立人脉，比如多参加一些聚会，多参加一些讲座，这些通常都是人际场的集合地。

人脉从来不是一次性消费品，它不仅可以反复利用，还可以储存。不要以为这是什么难事，只要你记住：不要舍近求远，不要目中无人，并且把存储人脉当作努力的目标，你就能拥有无限的人脉资源。不要因为敬畏高高在上的人，或者瞧不起他人而把大好的人脉束之高阁。想要拥有好人脉，就要自己去制造机会。不要怀疑，好人脉就摆在你的面前，只要你肯主动，就会得到机会，你的人际关系就会渐入佳境。

6 曾国藩：争取大多数人的支持

聪明的人都明白，成功是需要别人的支持的。如果缺少了别人的帮助，他们就很难出人头地。即使那些在战场上的常胜将军，也要依赖部下的拼死奋战，否则就不可能成功。正如马云所说："我对技术一无所知，我对管理一无所知。但问题是，你不需要知道很多东西。你必须找到比你聪明的人。这么多年来，我一直在努力寻找比我更聪明的人。"

这个道理，在商业竞争中同样成立。争取大多数人的善意和支持，可以大大增加事情成功的概率。当大多数人都和你站在一边时，你会发现竞争变得如此简单。正如孟子所说："得道者多助，失道者寡助。寡助之至，亲戚畔之；多助之至，天下顺之。以天下之所顺，攻亲戚之所畔，故君子有不战，战必胜矣。"这是说，秉持正义、道德、仁义等正面价值观和行为准则的人，才能赢得别人的尊重和信任，获得广泛的支持和帮助；反之，则会陷入孤立无援的境地。此外，支持者少到了极点，连最亲近的人都会背叛他；支持者多到了极点，天下的人都会归顺他。带着天下人的支持，去攻打一个没有任何支持的孤家寡人，怎么会失败呢？

[曾国藩的檄文]

1851年初，洪秀全在广西掀起了一场武装起义，要推翻清朝政府的统治，这就是太平天国运动。由于清政府的腐败无能，无论是八旗兵还是绿营兵，都得不到正规的训练，因此战斗力低下。太平军势如破竹，仅仅用了一年多时间，就攻占了大片土地。迫于无奈之下，咸丰皇帝任命大臣招募士兵，训练军队，称为"团练"。其中，曾国藩的湘军就是一支战斗力较强的团练。

曾国藩原本是文官，从未试过领兵打仗，但是在当时的局势下，他敏锐地意识到这是一个建功立业的好机会，于是他也积极筹办军队。曾国藩建立湘军的办法被人们称为"以儒生领山农"，意思是曾国藩一个文人，找了一群贫苦农民，建立了一支部队。而湘军的领导阶层，则是曾国藩的师徒、好友、亲戚等。最终用了不到两年的时间，湘军人数达一万七千人，并装备有几百门洋炮。

与此同时，曾国藩发布了一篇《讨粤匪檄》，同太平天国展开舆论战和政治战。在檄文中，曾国藩批判了太平天国的政治纲领，并且大谈孔孟之道，声称太平天国信奉洋教，废弃孔孟之道，是对中华传统文化的背叛。

　　曾国藩的这篇檄文准确地击中了太平天国的痛点，被当时的人称为"胜过百万兵"。政治领域的斗争，加上湘军的殊死战斗，严重削弱了太平天国的力量。

制胜谋略

　　曾国藩的军事水平并不高明，他没有军事经验，因此习惯"结硬寨，打呆仗"，把防御工事做得非常好，一步步地蚕食太平军的力量。而在政治方面，曾国藩却是个高手，他用一篇檄文，阐明了自己的政治主张，极力拉拢大多数人的支持。不得不说，这是一个非常高明的手法。在当时的社会上，儒家思想和科举制度早已深入人心，被视为天经地义的做法。而太平天国的施政纲领，与主流社会思想格格不入。另外，自鸦片战争以来，中国人民就饱受英、法等国的欺辱，很多老百姓对外国人有抵触情绪，曾国藩正是看到了这一点，才把太平天国和外国势力绑在一起，把百姓对外国人的仇恨转移到太平天国上来。

　　从曾国藩的政治手段上，我们也可以得到以下几点启示。

　　首先，要从利益上拉拢别人。判断能不能得到公众舆论的支持，先要看自己的行为和公众的利益是否一致。只要利益一致，就有成功的可能。倘若和公众的利益相悖，那么大概率是失败的。

其次，掌握合适的时机。先发者制人，后发者制于人。在利益一致的情况下，就应该主动出击。注意，这种出击是战略层面的，例如加速囤积物资，为后续的战斗做准备。这样一来，即便你没有直接发起进攻，也可以看作战略层面的主动出击。

最后，我们还需要给出一个充分的理由，为舆论造势。任何人做事都需要理由，想要别人支持你，你就应该把他们支持你的理由说出来。理由越充分，说服力越强，做起来就越有力度。

第六章

攻心——看透人性的心理战术

在所有的用人谋略中，最重要的是攻心。俗话说："人心难测。"也正因为如此，攻心才显得难能可贵。看透人心，才能预判对方接下来的动作；看透人心，才能攻破对手的心理防线；也唯有看透人心，才能彻底征服对方，用最小的成本换来最大的战果。

1 亚伯拉罕·林肯：攻心为上，攻城为下

人与人之间的交往，看似复杂，实则简单。在交往中，我们会遇到各种各样的人，每个人都有自己的想法和需求。有的人可能缺少金钱，有的人缺少权力，还有的人渴望情感。归根结底，我们是在与一个个活生生的人交往。在所有的谋略中，"攻心为上"是一种最重要、最高明的谋略，要做到"以己之心，换人之心"。只有笼络住了对方的心，对方才会心甘情愿地替自己办事。

很多时候，人们之所以失败，并不是因为战略有问题，而是因为没有妥善处理人际关系，被别人拒绝在了"心门"之外。不要以为交心很困难，其实只要你走近，并用心去交流，就会发现对方的心门原来是虚掩的，轻轻一推就能打开。

以职场为例，领导对下属的管理虽然是以公司的规章条文为依据，但更重要的是捕捉下属的心理状态，通过对方的言谈和表情，

了解他们的心理活动，以达到"观人于微而知其著"的境界。

在与别人谈判时，也应采取"攻心"的策略，从对方最在乎的地方入手，这就是他们心理防线的薄弱之处。攻破了别人的心理防线，才会更容易赢得对方的信任，使接下来的谈判进行得更加顺利。

[林肯的演讲]

亚伯拉罕·林肯是美国历史上最伟大的总统之一，在他的部署下，美国黑人奴隶制被废除，美国的统一得到维护。然而，林肯的从政之路并不顺利，因为他出身贫困，没有金钱与权力的支持，只能凭借自己的一腔热血和赤诚之心。

1858年，林肯决定参加总统竞选。林肯出身贫寒，有人针对这一点对他展开了攻击，嘲笑他是鞋匠的儿子。但是林肯并不在意，仍旧坚持自己的行动。

当时，林肯遇到的最强劲的对手是一个叫道格拉斯的候选人。道格拉斯是一个富翁，出手阔绰，他出行时乘坐着十分豪华的汽车，还在车尾处安放了一尊礼炮，每到一个地方，就放三十声礼炮，此外还有乐队给他伴奏。道格拉斯经常说："我要让林肯那个乡巴佬看看，什么才是贵族风范！"这种豪华的排场，让人们目瞪口呆。很多人认为，道格拉斯这样有实力的选手才能胜任总统的职位。

在金钱方面，林肯当然无法与道格拉斯对抗。他只有一辆破车，没有豪华的汽车和礼炮，更没有乐队的伴奏。林肯知道，要想赢得选民的支持，只能使用攻心战术。于是，林肯发表了一场演讲，他说："有人曾经问我到底有多少财产。我在这里可以坦白地告诉大家，我有一个妻子和三个儿子，这些对我来说都是无价之宝。除此之外，我还花钱租了一个办公室，在这个办公室内一共有一张办公桌和三把椅子。不过最重要的是，这间办公室的角落里有一个大书架，书架上有许多书。书架上的每本书都很有价值，值得每个人去认真阅读。至于我本人，长得一副穷酸样，又瘦又穷，而且脸还很长，没有一点儿富贵相。在这次的总统竞选中，我没有太多的竞选资金作为依靠，我唯一可以依靠的就是你们，我的选民们！"

最终的结果大家都知道了：林肯凭借着真诚的态度，当选美国第十六任总统。

制胜谋略

林肯是一个非常善于演说的人。他总是能够用一场场精彩的演说，收获人们的认可与支持，原因就在于林肯非常擅长"攻心为上"。他曾说："不论人们如何仇视我，只要他们肯给我一个说话的机会，我就可以说服他们。"这在林肯竞选总统的过程中，发挥了重要作用。他以朴实而富有情感的话语，击败了众多对手，赢得了选民们的支持。以前那些竭力反对他的那些选民，在听了他的竞选论辩后，也被他的演讲所打动，转而将选票投给了林肯。

在生活和工作中，有一个真理是广受认可的：人心是最重要的资本。比如，当你准备筹办自己的企业时，你可能没有钱、没有设备、没有技术。不要紧，只要你拥有掌握这些资源的朋友就行。这些朋友是无法用金钱收买的，只有用真诚才能打动他们。

2 吕不韦：人情社会，学会打感情牌

人是感情的动物，都希望能得到别人的认可和爱戴。正如心理学大师阿尔弗雷德·阿德勒所说："每一个人都是感情的宠物，他们获得的感情越多，他们就越希望获得更多的感情，而人在过多的感情宠溺中能够变得温和、善良，愿意和大家分享这个世界。"学会打感情牌，拉近彼此的关系，然后对方才有可能心甘情愿地为你办事，这样你的事情自然就顺利得多。

因为生意不仅仅是一时的利益关系，还包含着长久的人情往来。精明的商人都要先交朋友后做生意，先赚人气再赚财气。与你生意往来的对象也不仅仅是客户，他们同时也是你的朋友。如果你能把客户当作朋友来对待，做足了人情，客户自然情动于衷而后发乎于外，你还愁没有生意吗？

不要放弃任何一个打感情牌的机会，哪怕是跟你没有多少关系

的人。也许你只需要付出一点点成本，就能收获一段很有潜力的友情。人脉不是天然形成的，它需要我们进行感情投资。在日常生活中，人们大多只对对自己有用的人感兴趣，对另一些被视为无关紧要的人很难做到友善，但是这种做法通常很难让我们扩大交友圈，也就在不知不觉中失去了得到贵人帮助的机会。

打感情牌的反面做法则是不给人留面子。要记住，给别人留面子是人际交往的重要法则。人都渴望被认可、被尊重，在恰当的时候贬低自己，捧高对方，是一种大度的表现，会让对方增加好感，也会让你更容易打出感情牌。

[奇货可居]

吕不韦是战国时期卫国的一名商人，经常游走于各国之间，从事商业活动。有一次，他在赵国发现了一个特别的人，那人名叫异人，是秦国的王子，正在赵国当质子。经过几次接触，吕不韦决定投资异人，如果能够帮助他回到秦国，成为秦王，那么这笔投资的利润将会非常可观。这就是"奇货可居"的故事。

为了帮助异人回到秦国，吕不韦提前一步来到秦国，托人介绍，找到了安国君的宠妃华阳夫人。当时的秦国太子是安国君（即后来的秦孝文王），华阳夫人并无子嗣，另一名妃子吴姬却有一个孩子。假如吴姬的孩子以后登上王位，华阳夫人的利益肯定会受损。吕不韦正是看到了这一点，才决定与华阳夫人结成同盟关系。

吕不韦见到华阳夫人后，反复诉说异人对华阳夫人的思念之情，让华阳夫人大受感动。与此同时，吕不韦又说起了王位的继承问题。华阳夫人对其中的利害关系早已明了，却苦于自己没有孩子，因此不知道怎么办才好。

　　这时，吕不韦说出了自己的计划："您不如从安国君的子嗣中挑选一个认作养子，这孩子就会成为嫡长子，他必会记得您的恩情，日后也必会视您如母。"华阳夫人恍然大悟，于是决定认异人为养子。

　　就这样，吕不韦帮助异人找到了一个强有力的靠山。最终在华阳夫人的帮助下，嬴异人回国，并在日后登上了秦国的国君之位。吕不韦也因此成为秦国的相邦。

制胜谋略

　　吕不韦是一个出色的商人，同时也是一名优秀的政治家，他把做生意的思维用在政治上，最终获得了巨大的回报。

　　吕不韦希望获得华阳夫人的支持，但是刚刚见面时，他没有急着跟华阳夫人谈利益，而是上来就打感情牌，让华阳夫人对异人产生好感。等到异人从赵国逃回来，获得了华阳夫人的支持时，二人按照约定，成为养母和养子的关系，这仍旧是用感情来绑定利益。从这里我们也可以猜测，这种先用感情笼络对方，再和对方谈利益的思维，有可能是吕不韦在多年的经商生涯中总结出来的。

老话说："买卖不成仁义在。"做生意的原则应当是互利互惠，感情则是维护生意关系的纽带。只有利益、没有感情的生意，很难长久做下去。长期以来，社会上形成了一种思维，认为生意就是生意，感情就是感情，两者不应该混为一谈，但是这种想法明显是不符合实际的，因为人并不是机器，不可能没有感情，更不可能永远在市场竞争中保持优势。至少从吕不韦身上，我们会发现感情和生意并不冲突，反而是能够相互增益的关系。

3 烛之武：说话有逻辑，别人才会听

在沟通过程中，有的人说话有理有据、条理清晰，让人不知不觉就顺着他的思路往下走。通常，我们心中所想的内容，说出口的或许只有百分之八十，对方听进去的只有百分之六十，这是难以避免的。为什么你说话时，别人总是在听完一两句后，就对你的话置之不理，迟迟不做回应呢？问题在于你说话没有逻辑。

说话没逻辑的根本原因在于思路的混乱。当你把心里的想法描述出来时，对方会根据你的描述在头脑中重新构建图像。如果你的语言逻辑不清晰，表达就会混乱，让人抓不住重点，自然无法准确捕捉到你想表达的意思。

此外，措辞也很重要。在表达的过程中，我们通常会刻意营造某种氛围，例如轻松搞笑的氛围，或者是令人不敢嬉戏的严肃氛围。恰当的措辞能够提升表达的效果，而不恰当的措辞则会让人误解你的意思。措辞可以带来"三冬暖"，也可能招致"六月寒"，让对方的心理状态不断随之变化。

逻辑是理性的化身，它帮助我们做出明智的决策。一个说话有逻辑的人，总是可以准确地表达出自己的想法或意图。不仅如此，他还能把复杂的道理说得简单、明了，把浅显的道理说得清楚、动听，使对方很乐意听他说话。

[烛之武退秦师]

春秋时期，晋文公为了争夺霸主的地位，找了个借口攻打郑国，还拉拢了秦国一起。当时晋军驻扎在函陵，秦军驻扎在氾南。面对秦晋两个大国的合攻，郑国自然是抵挡不住的，郑国上下陷入一片混乱之中。

郑国大夫佚之狐慌慌忙忙地找到了郑国国君——郑伯，对他说："哎呀，现在情况太危急了，再不采取行动，郑国恐怕就要灭国了。"

郑伯当然明白这个道理，但是他也没有办法，只能反问一句："你有什么主意吗？"

佚之狐说："事到如今，也没有别的什么办法了。烛之武很有才能，您不如让他出城劝劝秦穆公，或许能让秦国退兵。"郑伯同意了。

这时的烛之武已经是个风烛残年的老人了，虽然佚之狐说他很有才能，但也只是一个养马的小官，可见烛之武在郑国并不受重用。尽管这样，为了避免出现国破家亡的惨剧，烛之武还是决定挺身而出。

守城的将士们趁着夜色，在烛之武身上绑了绳子，让他从城墙上缓缓坠下。经过长途跋涉，烛之武终于到了秦军的军营，找到了秦穆公，而后开始了自己的雄辩："秦、晋两国围攻郑国，郑国知道自己肯定要灭亡了。如果消灭郑国对您有好处，我就不敢来见您了。但是消灭郑国之后，您想得到郑国的土地，中间还隔着晋国的国土，最后这些土地肯定会被晋国吞并，您这是为晋国作嫁衣呀！晋国的国力雄厚了，您的国力也就相对削弱了。假如放弃灭郑的打算，而让郑国作为秦国在东方道路上的主人，秦国使者往来，郑国可以随时供给他们所缺乏的东西，对秦国来说，也没有什么害处。况且，您曾经对晋惠公有恩惠，他也曾答应把焦、瑕二邑割让给您。然而，他早上渡河归晋，晚上就筑城拒秦，这您是知道的。晋国怎么会满足呢？它现在在东方夺取了郑国的土地，接下来就会在西方夺取秦国的土地。这其中的利害，您好好想想吧！"

在烛之武的劝说下，秦穆公决定放弃攻城，带着军队离开了。晋国失去了盟友的帮助，也只好撤军了。就这样，烛之武用三寸不烂之舌化解了一场危机。

制胜谋略

烛之武确实是一个很有才能的人，从他的行事和语言中，就能看出他是一个很有逻辑的人。烛之武没有去找晋文公，而是听从了佚之狐的建议，去找秦穆公，原因就在于这次事件就是由晋文公挑起的。从一开始，晋文公的目的就是占领郑国的土地，而且他的目的即将达成了，想要劝他放弃快到嘴边的肥肉，几乎是不可能的事情。相比之下，秦穆公是晋文公邀请来的，而且获利的机会并没有想象中大，所以才有可能退军。

当时的秦国和晋国的关系很好，所以才有"秦晋之好"这个词语。然而烛之武却敏锐地指出，秦国和晋国的关系并没有想象中那么牢固。秦晋结盟的本质是为了利益，双方也曾因为利益爆发过激烈的对抗和冲突。所以当烛之武挑明之后，秦穆公没有做任何反驳，因为他对这一点心知肚明。

总之，烛之武靠着自己强大的逻辑，成功劝退了秦军。这一点值得我们学习。生活中的很多事都要讲逻辑，一个懂逻辑的人在生活中会顺利许多。

4 赵高：用利益收买对方

《鬼谷子》中说："愚者易蔽也，不肖者易惧也，贪者易诱也。"意思是，愚蠢的人容易受到蒙蔽，品行不好的人容易被恐吓，贪婪的人容易被诱惑。

世人皆有贪嗔痴，这是开启欲念的钥匙。人为财死，鸟为食亡，格局小的人，目光短浅，唯利是图，凡事只考虑眼前的利益，为了利益甚至能出卖自己的亲朋好友。这种行为短期内或许能占到小便宜，但是从长远的角度看，为了利益失去别人的信任，无异于捡了芝麻，丢了西瓜。

能够成大事的人，都是懂得利用人性的，懂得用利益收买人心。即使自己获得的利益变少了一点儿，也不会懊恼，因为他看重的是长期利益。李嘉诚曾说："和别人合作时，如果拿七分合理，八分也合理，那么拿六分就可以。给别人多留两分利益，别人就多记我们两分情分，以后就不怕没生意做！"

用利益收买对方，不代表你会付出多大的代价，有时一点儿微小的利益就能让人对你印象深刻。相反，当别人对你许诺的利益太大时，倒是要小心了，那很可能只是一张口头支票。很多老板们非常擅长给员工"画大饼"，但是最后能够兑现的并不多。

[沙丘之谋]

公元前210年，豪华的车队列次行进。这是秦始皇的第五次出巡，也是他的最后一次出巡。当车队行进到沙丘（在今河北省邢台市广宗境内）时，秦始皇突然病重，他一生都在追求长生不老药，但是方士们的谎言终究没能延长他的寿命。

跟随秦始皇一同出巡的，还有李斯、赵高和胡亥，这是他最信任的三个人，却也是大秦帝国的掘墓人。秦始皇拖着沉重的病体，对赵高下达了一道遗诏："让扶苏参加丧事处理，灵柩到咸阳后再安葬。"

赵高拟好了诏书，却没有发出去。赵高一向和胡亥关系很好，却和扶苏及蒙恬、蒙毅兄弟关系不好，于是赵高劝说胡亥，让他发布矫诏，夺取皇位。胡亥同意了。赵高又说："这件事还需要丞相李斯的帮助，否则很难成功。"

于是，赵高又找到了李斯，说出了自己的计划。起初，李斯还很犹豫，但是赵高接下来的话让李斯陷入了沉思："您的才能、谋略、功绩、人缘，以及扶苏的信任，这些与蒙恬相比，能赢过他吗？扶苏只要即位，肯定让蒙恬当丞相，到时候您就只能退位让贤了。还不如扶持胡亥当皇帝。希望您考虑一下。"

就这样，赵高只用了几句话，就拉拢了胡亥和李斯。随后，赵高发布矫诏，让胡亥成为继承人，又下诏命令扶苏自尽，这就是"沙丘之变"。

制胜谋略

赵高是历史上有名的野心家，他为了利益可以说不择手段，是导致秦朝灭亡的重大责任人。秦始皇恐怕做梦也不会想到，自己最信任的赵高和李斯会同时背叛他。然而站在李斯的角度上，再来看这段历史，很多人会疑惑李斯表现得过于软弱了。李斯作为秦朝的丞相，一直被秦始皇所重用，他的女儿还嫁给了扶苏，但是面对赵高的拉拢，李斯几乎没做任何反抗就加入了。归根结底，赵高对于李斯的性格弱点太清楚了。

李斯早年曾做过一个小官，他在粮仓里看到一只老鼠，吃得膘肥体壮，见到人也不怕。李斯想：同样是老鼠，厕所里的老鼠却一副战战兢兢的模样，一有人来就仓皇而逃；人也是一样，要想让自己活得更好，就得抓住机遇，努力跻身上流社会。从这个故事中，我们会发现李斯是一个非常看重利益的人。赵高正是看到了这一点，先用利益威胁李斯，警告他扶苏即位以后，他的利益就会失去。然后用利益引诱李斯，只有胡亥即位，李斯的利益才能保住。

连一人之下，万人之上的大秦丞相都会被利益左右命运，更何况是普通人呢？追逐利益是每个人天生的权利，也可能是我们不断前进的动力。但只有在追逐利益的过程中注重正当性、自我提升，为社会做出贡献，我们才能走向成功。

5 汉武帝：展示实力，威慑对方

要谈威慑，先谈人性。

在生活中，我们把欺软怕硬视为可耻的事情，然而人们或多或少有欺软怕硬的心理。面对弱小的敌人，心里就会感到放松、傲慢；面对强大的敌人，心理压力骤升，自然会感到害怕。这些不易克服的缺点，就是人性的弱点。

针对人性中的这种弱点，我们可以加以利用，以威慑手段击败对手。古人讲的"不战而屈人之兵"，前提是以实力威慑对手，让对手不敢和你对抗。在矛盾爆发之前，施以威慑手段，就能够在相当大的程度上避免矛盾激化。西汉时期，陈汤的那句"明犯强汉者，虽远必诛"，就是一句威慑的话语，至今仍能让人感到一股豪迈之气。

历史上的很多野心家，正是利用人性中"害怕暴力，敬畏力量"这一弱点，威慑敌人，从而达到自己的目的。

[汉武帝威慑闽越]

西汉建立之后，南方的越人也建立了三个国家——东瓯、闽越和南越。他们名义上是汉朝的藩国，却彼此不服，经常互相攻打，有时甚至与汉朝发生摩擦。

汉武帝时期，闽越和东瓯爆发战争，闽越的国王骆郢出兵围住了东瓯，东瓯的国王则不幸战死。面对强敌，东瓯的王子骆望知道自己没有办法与之对抗，只能向汉武帝求援。

面对骆望的请求，汉武帝答应了，他把东瓯的百姓迁到庐江郡，又把东瓯的土地划入会稽郡。与此同时，汉武帝还派出大军，要亲自督战。当汉军出发的消息传到闽越以后，闽越朝堂上下都很害怕，闽越王骆郢还想负隅顽抗，然而很多人并不愿意和强大的汉朝作对。

建元六年（公元前135年），闽越又出兵攻打南越。南越遵守与汉武帝的约定，没有擅自派兵还击，而是把这件事告诉了汉武帝。汉武帝派大行王恢担任将军从豫章出兵，派大农韩安国担任将军从会稽出兵。

骆郢的弟弟馀善暗地里和大臣、贵族们商量："国王因为擅自发兵攻打南越，没有向天子请示，所以天子派军队来征伐。汉军人数众多，实力又很强大，我们就算一时侥幸战胜他们，后面肯定还会有更多的汉军，直到我们的国家被灭亡才罢休。我们不如杀了国王，向天子请罪。如果天子同意撤军，我们就能保住闽越国；如果天子拒绝了我们，我们就拼死与汉军作战，就算失败了，也还能逃亡到海上。"众人经过商议之后，同意了他的意见。

于是，他们刺杀了闽越王，派使臣向汉朝投降。汉武帝得知消息以后，见政治目的已经达成，就同意了闽越人的请求，停止了战争。

制胜谋略

在与闽越的战争中，汉武帝虽然派出了军队，但是并没有经过大规模的战争，就迅速解决了问题，让闽越俯首投降，这更多的是武力威慑的结果。这一事件展示了汉武帝的智慧和决断，也为汉朝的疆域巩固奠定了坚实的基础。

我们在生活中不可能轻易使用武力，但是可以学习用实力威慑对手的方法。壮大自己的实力，同时给自己寻找一个足以安身立命的底牌，你未必要使用这个底牌，但是一定要让别人知道，你有使用此力量的决心。

力量的强大与否，往往容易被人察觉。如果你没有使用力量的决心，那么威慑也就失去了意义，因为别人不相信你会使用，自然不会感到畏惧。所以，在竞争中，要想用威慑的手段，实力和决心是达到战略威慑的两个因素，缺一不可。

6 商鞅：对执迷不悟者予以惩罚

在利益面前，任何亲情、友情、爱情都有可能变质，历史上这种情景数不胜数。甚至于父子之间都会反目，变得如同仇人一般。竞争的手段会突破人伦和人性的极限。在历史上，常常能见到那些"父与子无厚，兄于弟无厚"的人，这些人已经超出了常规，不按照常理出牌。如果威慑手段不奏效，那么只好玩点儿真格的，必须用更激烈的手段，对其进行惩罚。

《资治通鉴》中说："天下大务，莫过赏罚。赏一人使天下之人喜，罚一人使天下之人惧，苟二事不失，自然尽美。"意思是，天底下的事情，没有什么比赏罚更重要了。奖赏一个人，会使得天下人都高兴。惩罚一个人，会使得天下人都畏惧。如果赏和罚都做好了，事情自然而然就会尽善尽美。

惩戒的方法有很多种，例如语言批评、金钱处罚等，它们都要遵循一个原则，那就是有理有据，不能毫无根据地处罚别人。比如，违反了法律，就要受到法律制裁。这个制裁是有法律依据，以及各种证据的，处罚公布之后，才能让大众无话可说。

[商鞅罚太子]

商鞅在秦孝公的支持下，准备在秦国推行变法。秦国是一个大国，然而贵族的权力过大，施行新政便会损害贵族的利益，秦孝公担心变法遭到保守派大臣的反对。

为了试探奴隶主和贵族们的反应，秦孝公召开朝会，让商鞅与秦国大臣们在朝堂上各抒己见，展开辩论。在论战中，商鞅毫不胆怯，凭着敏捷的思维和强大的辩论能力，一一驳斥了保守派大臣的观点。商鞅说："要变革旧有的法令制度，肯定会有人怀疑我的动机和变法的效果，这没有什么值得奇怪的。能够使国家强大的人，是不会拘泥于固有的方法的；能够为国民造福的人，是不会因循守旧的。"通过一番唇枪舌剑，商鞅在气势上压倒了大臣们，但是他们之间的矛盾并没有消除。

商鞅根据秦国的实际情况制定了法令，其中有一条是以军功作为加官晋爵的标准。这条法令颁布之后，立马遭到很多人的反对，因为它损害了王室宗亲的利益，这意味着他们如果不努力作战、奋勇杀敌，就很难保住原有的利益，所以许多保守派暗中反对。

变法实行了一年多之后，秦国境内有一千余人站出来公开反对新法，他们说新的法令实行起来太不方便，甚至太子也在保守派的挑唆下犯了法。按照规定，应当对太子进行处罚，但是由于太子的身份特殊，不能直接对他进行处罚。最后，商鞅决定对太子太傅公子虔用刑，挖掉了他的鼻梁，又将太子少师公孙贾刺面，让他们替太子受刑。

经过这件事以后，秦国再也没有人敢反对变法。

制胜谋略

商鞅制定的法令尽管严酷，但是它遵循了有功必赏、有过必罚的理念，因此能够让秦国的老百姓愿意遵守，确保了变法的顺利进行。

司马光在《资治通鉴》中说：诚信，是国君最强大的宝物。因此古代的君王不会欺骗天下，霸主不欺骗邻国，善于治理国家的人不欺骗百姓，善于治理家庭的人不欺骗亲人。从前齐桓公不背弃曹沫的盟约，晋文公不贪婪讨伐原国的利益，魏文侯不放弃与虞人的约定，秦孝公不废除徙木的奖赏。这四位国君，他们的思想道德并不是最好的，而商鞅更算得上刻薄，当时又处在战乱时期，欺诈盛行，然而他们仍旧不敢忘记以诚信来对待民众，更何况是太平盛世的执政者呢？可见，即使是保守派的司马光，对商鞅的一些做法也是持肯定态度的。

在管理学上，惩罚本身并不是目的，用惩罚来约束下属，使其不敢做错事，才是惩罚存在的目的。说到底，还是为了确保领导者的战略目标能够实现。如果惩罚做得不好，没有让下属相信你，反倒给自己树敌，那么惩罚可以说是很失败的。因此，优秀的管理者通常不会把惩罚作为单一手段，而是赏罚并用，有功必赏，有过必罚，在团队内部树立起良好的秩序。即便是在惩罚别人的时候，也会给对方留面子，这就是为了避免给自己树立敌人。

7 李靖：乘胜追击，彻底击败对手

克劳塞维茨在《战争论》中说："战争是政治的延续。"当两个对手谁也无法说服谁的时候，正面冲突几乎就成了唯一的选择。在和平年代，还可以进行软实力的比拼；在战争年代，就只有战场上相见了。

世界上的竞争是十分残酷的，尤其是涉及根本利益的竞争，很少能够皆大欢喜地结束，通常都会斗得你死我活。要想取得成功，就必须彻底地击败你的对手。倘若放任对手离开，对手就有可能重整旗鼓，向你再次发起挑战。就像白居易的那句诗："野火烧不尽，春风吹又生。"因此，在面对那些有根本利益冲突的对手时，一定要确保对手再也没有还手的机会。

当然，在这种情况下，也是需要我们彻底击败对手的，那就是对手喜欢意气用事，又特别顽固。无论是打感情牌、利益收买，还是使用其他手段，都无法对其产生作用。只要他还有机会，他就一定要和你拼下去。对待这样的对手，我们也只好使出全力。人不能有害人之心，但必须有保护自己的能力。

[李靖乘胜追击灭东突厥]

隋朝末年，农民起义席卷神州大地，此时突厥的实力强盛，趁着中原地区实力大损，突厥经常带兵劫掠。李世民即位后，突厥甚至打到了距长安仅四十里的泾阳（今陕西泾阳县），迫使李世民签下了渭水之盟。这件事情一直被李世民视作奇耻大辱。

贞观三年（629年），突厥发生了几件大事：首先是内政分裂，政局不稳，接着又遇到了雪灾，许多牛羊被冻死。为了抢夺更多的食物，度过这个危机，突厥人违背了渭水之盟，再次向唐朝边境发动了袭击。而这，让李世民找到了反击的时机。

李靖被李世民任命为这次大战的总指挥官，带着十多万人，浩浩荡荡地奔赴前线。为了尽可能地降低伤亡人数，顺利击败东突厥，李靖先派了一些小股部队，摸清了东突厥的内部情况，又策反了一批东突厥官员。等到准备工作做完以后，贞观四年正月（630年），李靖亲自带领三千精锐骑兵，一路北山，摸到了突厥王帐附近，趁着夜色发动突然袭击。

听到唐军来袭的消息，突厥首领颉利可汗大惊失色，他以为唐军肯定不是孤军深入，而是大军到了，于是慌忙逃走了。就这样，李靖用极小的代价获得了一场大胜。打了这场胜仗之后，李靖并没有回去邀功，而是乘胜追击，陆续消灭了突厥的几支精锐部队。

面对唐军凶猛的攻势，颉利可汗抵挡不住，只能向唐朝求和。于是李世民派唐俭去突厥，与颉利可汗商谈。

李靖明白，突厥实力强大，肯定不会就这么轻易地向唐朝臣服，不过是缓兵之计罢了，必须抓住机会继续进攻，否则等到突厥实力恢复以后，颉利可汗肯定会再次向唐朝进攻。但是有的部下提出，现在突厥正在与唐朝和谈，唐俭等人还在突厥人的营帐中，进攻或许不是个好主意。李靖却说："这是出兵的良机，机不可失，和当年韩信攻破齐国是一个道理。"

于是，李靖带领精锐部队，连夜向铁山出发。唐军在大雾的掩护下，悄悄来到突厥可汗的牙帐附近，再次发起突然袭击，大获全胜。

制胜谋略

李靖是历史上极负盛名的将军。他每次带兵出征，总是能够对局势做出正确的判断，而后采取正确的谋略，因此成为赫赫有名的"军神"。东突厥是实力强劲的对手，曾经给中原王朝造成了极大的威胁，然而李靖却能将其击败，原因就在于他能抓住机会，乘胜追击，彻底瓦解了东突厥的势力。自此之后，唐朝的威名远播，西北各邦国纷纷归附，尊唐太宗为"天可汗"，为唐朝的繁荣奠定了基础。

在利益面前，再好的盟友也可能会大打出手。如果不想被对方消灭，我们只能奋起反击，直至将对方彻底击倒。

第七章

修德——用人格魅力
赢得信任

俗话说："做事先做人。"德才兼备一直是人们所追求的，两者缺一不可。我们在社会中生存，总是需要和各种各样的人打交道，光会使用谋略是不够的，还要有德行、会做人，用人格魅力征服别人。懂谋略，有德行，才能左右逢源；懂谋略，却没有德行，则举步维艰。

1 培根：个人德行是立身之本

人与人之间的差异，其实并不大，然而在成长的过程中，一些细微的差异逐渐累积，最终造就了不同的人生。有的人成功了，有的人失败了，纵观历史上的名人故事以及生活中的各种案例，我们会发现一个人的德行会给他的人生带来巨大的影响。

英国哲学家培根说："人需要美德，就像宝石需要用金箔来陪衬。"一个人有没有品位，关键不在于地位、金钱、学历、相貌这些表面的东西，而是在于人品、道德、德行、教养、文化底蕴这些精神层面的东西。德行好的人，会让人如沐春风，即便他浑身破破烂烂，但是举手投足间表现出来的涵养，依旧会让人心生敬仰。

在与人相处的时候，应当把个人的德行放在第一位，唯有德行才是立身之本。许多人表面上满脸笑容，实际上只看利益，对他有利的就一味吹捧，对他没利的就不理不睬，时间久了，大家就知道他的格局有多小了。真正优秀的人才，是不会愿意跟着这样的人一起奋斗的。

《易经》中说："德不配位，必有灾殃。"意思是，如果一个人的德行配不上他所处的地位，就一定会有灾祸降临。这并不是一句迷信的话，而是古人对人生经验的总结。德行不仅藏着一个人的修养，更藏着一个人的命运。德行不够，就注定容易得罪人，给自己树立了众多敌人，却又拥有权力和金钱，早晚会被人陷害。

[总裁的面试]

有这样一个故事：一个名叫玻克的年轻人，收到一家公司的面试邀请，于是他好好准备了一番，前往该公司接受面试。在和面试官聊天的过程中，玻克表现得非常不错，面试官也对他十分满意。玻克心里很开心，他觉得这份工作非他莫属了。

正当玻克准备起身离开时，房间的门打开了，从外面走进来一个衣着朴素的老人。老人直接走向玻克，握住了玻克的手，玻克连忙站了起来。那位老者盯着玻克看了半天，这才缓缓开口："我可找到你了，太感谢你了！上次要不是你，我孙子可能早就没命了。"

玻克感到十分惊讶，他连忙看向面试官，试图询问情况。谁知面试官一点儿也不紧张，正在平静地整理资料。

"这是怎么回事？"玻克丈二和尚摸不着头脑。

老人接着说道："上个星期，我的孙子在中央公园玩耍时，落进了水里，是你把他救上来的！"

面试官说："原来您是个道德高尚的人啊！我们公司很欢迎您这样的人。"

玻克说："您认错人了。"

"不可能，一定是你！"老人又一次肯定地说。

玻克无奈地说："肯定是认错人了！我上个星期根本没去过中央公园。"

听了这句话，老人松开了手，什么也没说就离开了。

等老人走后，面试官说："恭喜你，通过了这次小小的考验。"

见玻克面露不解，面试官说："刚才那位老人，是我们公司的总裁，其实他根本没有孙子。刚才的行为，只是一次小小的考验。如果你说自己救过他的孙子，就会被淘汰掉。你知道的，在美好的名声面前，很多人是不会拒绝的。恭喜你，你被录用了。"

制胜谋略

上面这个故事说明了一个道理，那就是个人品德对于职场的重要性。一方面，我们可以看到这位总裁对人才品德的高度重视；另一方面，我们可以看到玻克是一位有品德的人。那些另有图谋的人或许会利用这位老人的"稀里糊涂"，给自己贴上"救人英雄"的标签，来增加面试官对他的好感。但是玻克却没有这样做，面对新工作的诱惑，他仍旧保持诚实，拒绝接受不属于自己的美名，最终为自己打开了人生的新篇章。

玻克的做法值得我们学习。我们应该从日常的小事做起，把自己变成一个德才兼备的人，否则就不可能赢得别人的信任，更谈不上成功的人生。

很难想象一个品行不端的人能够找到真正的朋友，因为越是了解他们，就越没办法相信他们。即便能够通过坑蒙拐骗获得利益，也很难坚守下去。他们不是搞一锤子买卖，就是过河拆桥。在家庭中，他们也会做出不道德的事情，极有可能导致家人痛苦和不幸。

2 秦王政：做事要宽容，做人要大度

作为一个领导者，最难得的品格是宽容。宽容，是以辽阔的胸襟将各种人才收入麾下，是一种与人理性相处的素质，可以帮助我们吸纳他人的长处。在团队内部，宽容也是一种难得的文化氛围，团队成员之间互相包容，才能减少内耗，提升战斗力，正所谓"能忍能让真君子，能屈能伸大丈夫"。

失去了宽容之心，我们就将自己囚禁在了可怕的牢笼之中，因为美好的事物需要有宽容的心态，才能与之接触。

倘若我们无法学会宽容，不能接受不同的意见，那么我们的内心无疑是焦躁不安的，这会带来可怕的后果。因为仇恨不光会对别人造成伤害，同时也会折磨到自己。这个时候，宽容尤其显得可贵，它不但是一个人、一个社会需要具备的品德，而且也是一种必须遵循的生存智慧。只有宽容，我们才有足够的心力去承担生活的种种负担。

在宽容别人的同时，我们也应该学会宽容自己。当你碰到困难的时候，应该保持一个良好的心态，不要因为一时的失利，就灰心丧气，而是应该振作起来，相信自己一定能够战胜困难。在这个快速变化的社会中，我们常常被各种期望所包围，这让我们压力倍增。只有宽容自己，才能让我们更好地面对生活中的挑战。

[郑国渠]

公元前246年，韩国的国君韩桓惠王找到了一个人——郑国。韩桓惠王对他说："我们韩国实力弱小，旁边就是强大的秦国，如果不思索对策，迟早会被秦国吞并。我想到一个方法，那就是说服秦国人兴修庞大的水利工程，使秦国消耗更多的人力与物力，韩国不就可以免受秦兵灭国之祸了吗？"

郑国虽然只是一名水工，没有显赫的权势和地位，但是他仍然热爱自己的祖国，于是他接受了这个使命，觉得这是自己报效祖国的好机会，同时也可以施展自己的才能。

秦国自商鞅以来便以"农战"为基本国策，都江堰工程的修成，使成都平原成为沃野千里。秦国能够富强起来，与修建水利工程有密不可分的关联。因此，当秦庄襄王与吕不韦见到郑国，听到他要在关中地区开凿大型水渠的计划以后，二人都十分感兴趣，命令郑国拿出一个完整的修渠方案。

经过实地勘察，郑国设计了一套完整的方案。他决定在礼泉的东北部开始修干渠，使干渠沿北面山脚向东伸展，很自然地把干渠分布在灌溉区的最高地带，不仅最大限度地控制灌溉面积，而且形成了全部自流灌溉系统，可灌溉四万余顷土地。

等到正式开工时，秦庄襄王已死，秦王政即位。这条水渠的开通，耗费了秦国的大量民力和财力，修了十年才只修到一半，因此秦国一直没有精力去攻打韩国。这时，"疲秦"的计划败露，于是秦王政立即派人逮捕了郑国。

秦王政质问郑国："韩王派你来鼓吹修渠，想借此来消耗秦国的国力，是不是？"

面临危险，郑国在秦王政面前毫不畏惧，面不改色。郑国说："臣一开始确实是来消耗秦国的，但是修成水渠对秦国也有好处，臣为韩国多延续了几年的寿命，却也为秦国建立了万世功业。"

听了郑国的一番话，秦王政觉得很有道理。于是，他非但没有加罪于郑国，反而让他继续主持这项工程。渠成后，为了纪念郑国的功绩，人们便称这条人工开凿的灌渠为"郑国渠"。

制胜谋略

郑国渠建成后，经济、政治效益显著，《史记》《汉书》都说，郑国渠修建完成之后，把关中平原变成了适合耕种的土地，因此秦国的国力变得更强了，最终灭了六国。

至于郑国，他原本是一名间谍，修建水渠的目的是消耗秦国的国力，但是从客观上来说，修渠也是一件对秦国有利的事。因此，当秦王政权衡利弊之后，仍旧决定让郑国完成工程，而没有追究他间谍的罪行。由此可见，秦王政的心胸是无比宽广的。

宽容不代表软弱，相反宽容意味着智慧。在生活中，我们也应当学习秦王政的这种精神。对待真正的人才，只要他能够为团队带来更多的好处，就应该更加宽容一点儿。

宽容也不是妥协，而是主动放弃那些过激的言辞以及冲动的行为，因为这些不会给我们带来好处，反而会把我们拖入深渊。能够学会宽容的人，才会获得更多享受生命的快乐。

3 汉武帝：好心态，才会有好结果

　　心态就像是一把双刃剑，它能发挥怎样的效果取决于我们如何使用它。拥有积极心态的人，会在危险中看到机会，并从中获得收益；而拥有消极心态的人，会在机会中看到失望，从而陷入消极无助中，直至跌入谷底。

　　人的一生不可能一帆风顺，总会遇到挫折和困难。尤其是在我们创业经商的过程中，困难总是一波接一波地来，一会儿资金短缺，一会儿货品积压……这些难题都在考验着我们的心态。

　　对于领导者来说，拥有健康的心态是非常重要的。领导者只有拥有健康的心态，才能带领团队一路向前。一个有良好的心态的领导者，能够更加理性地分析问题、权衡利弊，从而做出明智的决策。试想一下，当团队遇到困难时，团队内部肯定会产生分歧，有的员工想要继续坚持，有的员工建议另找方法，此时正是考验领导者决策能力的时候。如果领导者的心态不好，就很难做出正确的决策，反而会让团队走向分裂。

网络上有句话："悲观者永远正确，乐观者永远前行。"成功之路是走出来的，悲观的预测或许正确，但是悲观的心态无法带领我们走出困境。只有脚踏实地，靠一次次拼搏来实现。在创业的路上，永远不要做一个悲观的人，乐观会让你在战斗中更加精神饱满。有些人在失败后，总是把眼光放在痛苦上，先要难受一段时间，喝点儿酒，抽点儿烟，然后再慢慢恢复。他们从来不想下一步该如何走。尼采曾说："苦难中的人没有悲观的权利。"自己已经失败受苦了，悲伤又有什么意义呢？受苦的人必须想方设法地走出困境，让自己乐观战斗，获得成功。

[巫蛊之祸]

汉武帝是中国历史上一位著名的帝王，他在位期间，独尊儒术，任用了大批贤才，将汉朝的国力推到了顶峰。然而，汉武帝也是个生性多疑的人，晚年更是严重，最终酿成了"巫蛊之祸"的惨剧。

汉武帝年老时，任用了一批小人，其中就有一个名叫江充的人。江充看到武帝年事已高，而自己和太子刘据的关系不好，害怕刘据登基以后，自己会被诛杀，于是决定先下手为强。

有一次，汉武帝生病了，江充趁机对汉武帝说，这是因为有人用巫蛊诅咒他。汉武帝疑心大起，竟然相信了江充的话，于是命令江充调查此案。江充指挥巫师四处掘地，寻找木偶人，但凡挖到就逮捕周围的人，并以炮烙之刑逼供认罪。百姓惶恐之间相互诬告，冤死者前后共计数万人，甚至牵涉到了皇后卫子夫。

最后，江充把触角伸到了太子刘据居住的东宫，并找到了早已放置在那里的人偶。刘据非常惊恐，他想找汉武帝辩解，但是此时汉武帝正在甘泉离宫中养病，刘据已经很长时间没见到汉武帝了。如今"铁证如山"，再加上汉武帝生性多疑，刘据认为汉武帝根本不会相信他的辩词，他甚至怀疑汉武帝已经被害死了，于是走上了造反的道路。

在太傅石德的建议下，刘据让人杀死了江充，正式起兵造反。汉武帝听到太子造反的消息以后，瞬间怒火中烧，他没有派人调查清楚事情的来龙去脉，就直接派遣刘屈氂率领军队前去镇压。经过几天的内战，死者达到数万人，太子刘据和皇后卫子夫也被迫自杀。

一年以后，汉武帝的愤怒逐渐平息，才了解"巫蛊之祸"的真相，愧疚之情涌上心头，但这时已经为时已晚了。

制胜谋略

在人生的道路上，我们会遇到很多困难。这些困难就像拦路虎一样，挡住了我们前进的步伐。这时我们更需要一个良好的心态，来帮助我们走出困境。

正如《孙子兵法》中所说："主不可以怒而兴师，将不可以愠而致战。"意思是，国君不能因为一时的愤怒，就轻易发动战争；将领不能因为一时的愤怒，就轻易带兵出战。

反观汉武帝在"巫蛊之祸"中的表现，他始终没有能够放平心态。当他生病时，由于内心惊惧以及多疑的性格，轻易相信了江充的言语，成为"巫蛊之祸"的开端；当他听到太子刘据造反时，内心愤怒，导致事情朝着无法挽回的方向发展。

从汉武帝的例子我们不难发现，一个人拥有什么样的心态，他就可以拥有什么样的人生。拥有积极乐观的心态，生命中必定充满阳光，你会发现世界是如此美好，生活是这样可爱；拥有阴暗消极的心态，人生必定充满阴霾，那些美好的事物，也必然被你亲手终结。

4 乔·吉拉德：学会倾听，才能收获好人缘

在生活中，相信你经常听到这样的话："你到底有没有在听我说话？"这里所说的，当然不是问对方是否听力有问题，而是问对方有没有认真听，有没有用心体会。

在和别人聊天的时候，我们都希望自己说的话能够得到别人的重视，尤其是在面对自己在乎的人时，更是如此。因此，要想能真正了解他人的内心，与人建立真挚的关系，就必须学会如何真正地聆听。不仅要听别人是怎么说的，还要看别人是怎么做的，这才是真正投入地聆听。

倾听是一种尊重。做一名好的听众，远远比夸夸其谈有用得多。如果你对别人的话感兴趣，并且急切地想听下去，那么更容易获得友情。因为每个人都有倾诉欲，一个人在倾诉的时候，最容易放松戒备、敞开心扉，这时候是和他拉近关系的最佳时机。在交谈

的过程中，我们最需要做的，就是勾起别人的倾诉欲望。当他们说出了心里话时，就会感到自己受到了足够的尊重，从而对我们产生好感。

[吉拉德的推销]

乔·吉拉德是一位伟大的汽车推销员，也是一位励志演讲员。他非常善于沟通，总是能在交谈时打动客户。

有一次，乔·吉拉德来到了一个客户的家里，和客户聊了很久。乔·吉拉德向他推荐了一款新车，客户也感到很满意，甚至准备掏出一万美元作为定金。此后，双方又聊了很久，客户向乔·吉拉德说起了家里的情况，他说自己的小儿子成绩很好，让他非常自豪，妻子也很善解人意。乔·吉拉德此时沉浸在得到订单的喜悦中，就没有当回事，只是敷衍了几句。

谁知道，过了几天，客户却说自己不想买车了。吉拉德感到很困惑：对方明明很喜欢这辆车，为什么会突然转变态度呢？吉拉德明白，一定是其中某个环节出了问题。难道是自己的服务态度有问题？为了弄清楚状况，吉拉德在晚上给这位顾客打去了电话。在电话中，吉拉德直奔主题，希望对方可以解开自己的疑惑。客户接到电话后，显得有点儿不高兴，此时他已经睡下了。然而，面对吉拉德诚恳的道歉，客户还是解释了原因。

原来，在那天下午，当客户谈起小儿子的时候，吉拉德的表现让客户觉得吉拉德只是一个迫不及待地想要推销汽车的人罢了，跟别的销售员没什么区别。妻子听了他的描述以后，也觉得应该再考虑一下，毕竟买车需要的钱不是一笔小数目。就这样，吉拉德因为一次小失误，失去了原本该拿下的订单。

经过这次事件以后，吉拉德开始有意识地和顾客谈心，他的业绩也自然而然地快速提升了。

制胜谋略

乔·吉拉德的故事说明，客户需要的并不仅仅是汽车，还需要一个真心为客户考虑的销售员。如果销售员一心只为了业绩，却不管客户的利益，那么客户是不可能相信销售员的，相反他们会处处提防销售员。有效倾听，正是销售员为客户考虑的一种表现。那么如何才能做到有效倾听呢？

在沟通之前，应该先做好准备，沟通应该有明确的目的，要在预定的时间内达成意见的交流。要保证倾听的有效性，首先，要了解对方，知道他的基本情况，还要知道他究竟想要什么；然后，营造良好的倾听环境，选择不易受干扰的环境，并且保证沟通的时间足够。如此一来，沟通才可以说是准备妥当了。

古希腊哲人苏格拉底说过这样一句话："上帝给我们两

只耳朵、一个嘴巴，就是让我们用两倍于说的时间去听。"法国启蒙主义思想家伏尔泰更是公开声明："我不同意你的观念，但我誓死捍卫你说话的权利。"出于对他人的尊重，应该让别人把话说完，而不是随意打断。经常随意打断对方的谈话，是不礼貌的表现，只能让人生厌。

在倾听的过程中，还应该及时给出反馈，但是不要轻易得出结论。这样会使对方感到自己受到了尊重，自己的诉求得到了回应。不要轻易打断对方，更不要急着下结论，善于倾听的人，会等对方讲完再表达自己的观点。

沟通过后，还应进行总结与反思。《诗经》中有一句话："靡不有初，鲜克有终。"意思是说：很多事都有好的开始，但是很少能够善始善终。这一句诗同样可以用在商务沟通上。在谈话的时候，人们都表现得很好，但是谈话结束之后，就立即把一切抛诸脑后，任何改进都没有，可以说，这一场会议算是白开了。成功的人并不总是聪明人，但是他们都很勤奋，懂得事后进行总结，反思在倾听过程中哪些方面做得较好，哪些方面必须改进，哪些方面必须进一步提高。

5 德鲁奥：自信的人更容易获得掌声

人的一生很难一帆风顺，我们总会遇到各种各样的挫折。上学时，总是担心成绩不理想；长大后，又要担心收入不足以养家糊口。生活中的挫折，往往会让我们感到自己不如别人，于是产生自卑心理。自卑的人通常默不作声、不苟言笑，经常责怪自己不够努力、没有天分，有时甚至会自暴自弃，对生活失去希望。

须知，自卑不是一个好习惯，自卑的人是无法正确认识自己的，这是一种性格上的缺陷。自卑的人总是对自己的能力评价很低，总是认为别人比自己强，总是抬头去仰望别人。他们忘记了寻找自己的优点，其实每一个人都有自己的长处，正如孔子所说："三人行，必有我师焉。"

一个人如果缺乏自信，即使有能力，也会走向失败。因为他在心底告诉自己：做这个不行，做那个也不行。相反，自信是成功的内因。所以我们要有坚定的信念和信心，这样才能离成功更近，找到了自己的信念，才能让能力充分地发挥出来。如果想要成功，就该有自信的姿态。当一个人不再自卑，不再自怨自艾，而是昂起头颅，以饱满的精神状态示人时，他离成功就不远了。

很多时候，决定胜败的并非客观条件，而是心态。一个人，不管他经受怎样的风雨，遭受怎样的打击，只要他的心态摆正了，他便能脱离苦海，改变境遇，萌生出新的生机。

[自信的德鲁奥将军]

1773年，美洲大陆爆发了波士顿倾茶事件，英国海军与法国海军刚刚进行过一场海战，而法国则处于大革命爆发的前夜。在这一年，有一百八十名青年进入法国炮兵学院考试，他们都希望能够进入这所学校，成为一名优秀的军人。这些人大多是有钱有势的富家子弟，唯有一人是农民装扮，在人群中特别显眼。他虽然其貌不扬，却考取了第一名。主考官将他喊了出来，问了几个问题。农民从容自信，无论多难的题目，他都能有条有理地给出正确的答案。这个农民，就是后来在拿破仑军队里屡建奇功，被人誉为"圣贤"的德鲁奥将军。

为了提升自己的综合能力，德鲁奥先后从事过多项工作。尽管此前他从未接触过这些工作，但他总是能够满怀自信地完成任务。德鲁奥全身心地投入每日的繁重工作，在其他人睡觉时仍孜孜不倦。从兵工生产到军械组织，从训练新兵到指挥作战，他用自己卓越的专业能力和身体力行的敬业态度，赢得了众人的认可。

制胜谋略

德鲁奥将军从一名农民成长为法国大革命的璀璨明星，他的一生，是传奇的一生。拿破仑曾评价他："德鲁奥品德高尚、正直，从不做作，有古罗马名将之风。我有理由把他排在很多元帅以上。我毫不怀疑他有能力统帅十万大军。"这一切的成就，都来自他的自信。

从德鲁奥将军的身上，我们可以学到：一个人要想有所成就，最关键的品质是自信。人贵有自知之明，不仅要知道自己的不足，也要发现自己的优点，能够正确地评价自己是很重要的，不能因为某一处不如人就认为事事都不如人。

日常生活中，要有朝气蓬勃的精神状态。可以关注一下自己的长处，例如写下自己的十个优点，可以包含各个方面。此外，还可以与自信的人多接触，受到他们的感染，将会不断增强自己的信心。

6 孔子：懂得尊重，才能建立信任

人活一世，不可能只关注吃饱穿暖，比吃喝更重要的是尊严。尊严是一个人在社会上的底线，是他人不可触碰的。

人都是有自尊心的，都不希望受到别人的嘲讽和贬低，这是人性使然。生理或心理上的缺陷，不幸的遭遇，等等，都是人们不愿意触碰的短板。碰到这些情况，我们都应该加以回避，不能"哪壶不开提哪壶"，否则很容易伤害到别人。

哪怕是自己的对手，也应该报以尊重的态度。尊重对手，欣赏对手，这是竞争中的一种至高的心态。把掌声送给别人，不是刻意抬高别人，贬低自己，更不是吹牛拍马、阿谀奉承，而是对别人的闪光点进行肯定，只有真正有实力、有谋略的人才做得到。如果没有正常的心态，就不可能真正看清别人的优势，也就无法制定合适的战略。

[孔子问道]

孔子对南宫敬叔说："我听说老子通晓古今，知道礼乐和道德，我想向他拜师求学。"

南宫敬叔把这件事告诉了鲁国国君，请求他提供一辆车子，并且让自己和孔子一起去。鲁国国君答应了，送给孔子一辆车、两匹马，又派了一个仆从驾车。南宫敬叔也跟着孔子，一同前往周国。到了周国以后，孔子向老子问礼，向苌弘问乐，走遍了祭祀天地之所，考察明堂的规则，察看宗庙朝堂的制度。孔子感慨地说："我现在才知道周公的圣明以及周国称王天下的原因。"

等孔子见到老子时，老子已经是位垂垂暮年的老者，而孔子正当壮年。但是孔子并没有表现出一丝傲慢的神色，而是用谦虚恭敬的态度认真地向老子请教。看着这个奋发有为的年轻人，老子很高兴，与他彻夜长谈。老子对他说："你所说的礼就像是一个即将死去的老人，他的骨头都快腐朽了，只有他曾经说过的话语还存留在人们的记忆中。抛弃你的骄傲之心和繁杂的欲望，抛弃过于远大的志向吧，这些都不利于保存你的生命和精神。"

离开周国的时候，老子去送孔子，并对他说："我听说富贵的人家送人钱财，仁爱的人送人语言。我不是富贵之人，只好用一下仁者的称号，请让我送你几句话吧！凡是当今的士人，因头脑聪明、洞察幽微而危及生命的，都是喜欢讥讽别人的人；因知识广博、喜好辩论而危及生命的，都是喜好揭发别人隐私的人。作为人子不要有私心，作为臣子要在尽忠职守的同时保全自身。"

孔子后来对弟子们说："我知道天上的鸟会飞翔，我知道水里的鱼会遨游，我知道野兽会奔跑。至于龙，我就不能知道它会怎么行动了，龙可以乘风云而上天，我也没有办法捕捉它的踪影。老子就像是龙啊！"

制胜谋略

孔子拜访老子的这件事，被许多文献所记载，真实性究竟如何暂且不谈，至少我们能够从中学到很多有益的东西。

我们知道，孔子终其一生都在践行"克己复礼"的理念，孔子到东周的主要目的是考察礼乐，追溯礼乐的起源。然而老子是道家思想的代表人物，他的理念和孔子的是不一样的。孔子看重的礼乐教化，其实并不被老子看重，尽管如此，孔子还是极其尊重老子，把他当作老师，并且把他比作龙一样的人物。

直到今天，尊重他人依旧是中华民族的优良传统。管仲曾说："夫霸王之所始也，以人为本。本理则国固，本乱则国危。"这句话的意思是，一个国家要想强大起来，就要把人当作根本因素，把人管好了国家就会安定下来，人心不稳，国家就处于危险之中。要想留住人才，就不要整天想着"画大饼"，这其实是对人才的嘲讽。无论是薪资待遇，还是日常的交流，我们都应该充分尊重员工，让员工能够抬头挺胸地在公司里行走，这样才能充分提升他们的工作积极性。

第八章

韬晦——隐藏锋芒的智慧

古人云："木秀于林，风必摧之。"身处高位，虽然能够获得更多的资源，却也总是面临更大的风雨。因此，越是伟大的人，越懂得韬晦的道理。放下身段，谦卑待人，并不会让自己变得卑微，相反会受到更多人的尊重。这样的人，把自己的生命紧紧扎根在大众心中，肯定会枝繁叶茂，令人信服！

1 亿唐网：机遇属于有准备的人

中国有句古话："台上一分钟，台下十年功。"机遇总是偏爱那些有所准备的人，很多人总是羡慕别人的运气好，殊不知荣誉和鲜花的背后，是别人默默付出的千辛万苦。

一个人能够成功，并不是偶然的。历史上那些做出重大贡献的科学家，也不是单纯的运气好，须知科学就像登山，没有人能够凭借运气登上顶峰。所谓运气，只是一次机会，至于你能否抓住机会、利用机会，并且取得成功，关键还是看平时的努力。只有那些平时勤勤恳恳的人，才能抓住机会，成为真正的强者。

法国科学家巴斯德曾说："机遇只偏爱那些有准备的头脑。"我们要做的准备，不仅包括知识的储备，更重要的是思维模式的培养。知道答案并不难，难的是知道如何解题。生活中充满了各种各样的难题，有了正确的思维模式之后，这些难题将会变得非常简单。只有依靠这种思维模式，再经过自己的不懈努力，在偶然的机遇来临时，将其牢牢把握，才能够让成功的喜悦伴随在自己的周围。

[亿唐网的失落]

亿唐网曾经是很多人的骄傲，它是衔着金钥匙出生的，人们对它寄予厚望，但是它又一事无成，落魄到连域名都被拍卖。在互联网行业，一家公司的出现和衰落很难引人们的注意力，但这家公司是个例外。

亿唐给自己的定位很独特，公司宣传这不仅仅是一家互联网公司，也是一个"生活时尚集团"，致力于通过网络、零售和无线服务，创造国际先进水平的生活时尚产品，为18~35岁的年轻人的生活提供服务。凭借诱人的创业方案，亿唐从两家著名的美国风险投资公司——DFJ、Sevin Rosen手中拿到两期共五千万美元左右的融资。直到今天，这也是中国互联网领域数额最大私募融资案例之一。

亿唐网一战而红，随即开始攻城略地，四处抢占高地。除了在北京、广州、深圳三地建立分公司外，亿唐还广招人手，并在各地进行规模浩大的宣传造势活动，在全国范围快速"烧钱"。

然而，前期的顺利让公司的创始团队放松了警惕，他们努力了半天，却仍然没有思考如何解决营收的问题。2000年年底，互联网泡沫破灭，寒冬突如其来，亿唐却仍然没有进账，直接变成烂尾项目。

由于准备不足，亿唐网在面对危机时，没有任何招架之力，而在之后的岁月中，亿唐始终没能回到正轨，他们不断通过与专业公司合作，推出了手包、背包、安全套、内衣等生活用品，并在线上、线下同时发售，甚至尝试手机无线业务，但是这些动作只能让它苟延残喘。

2005年9月，亿唐无奈地承认了失败，转战Web2.0，推出一个名为hompy.cn的个人虚拟社区网站，但是仍然无法盈利。最终，网站被迫关闭。

制胜谋略

亿唐网起初的发展是很顺利的，然而他们的战略规划出了问题，也没有应对危机的准备。当真正的危机到来时，就只能关门了。这也是大部分创业者共同存在的问题。有些人在创业时，几乎没有规划，只是凭借自己的喜好，轻易地开了一家公司，然后坐等机遇的到来。这就像是在做白日梦一样，幻想机遇像魔法棒一样改变自己的人生。其实，这是很不靠谱的一件事。即便机遇真的到来了，我们也需要提前做好充分的准备，而后才能实现愿望。事实上是，机会通常会在我们意想不到的情况下到来，如果没有做好准备，就算是再好的机会，你也未必能够消化得了。

　　所以，不要把希望都寄托在机遇上，机遇不是万能的，更不是许愿池。与其每天苦等机遇，不如现在就开始努力。因为真正能够改变人生的是你自己，而不是机遇。机遇只是一个跳板而已，就像跳水比赛的高台，它只是给你提供了一个出发地，能够跳出多美的姿势，关键在于你的技巧。

2 刘邦：成大事者能屈亦能伸

俗话说"大丈夫能屈能伸"，然而说话容易，真正要做到却很难。人都有傲气，都有尊严，想让他们放弃自己的傲气和尊严，不是一件容易的事。

有时，人们宁愿舍弃一切，也要争口气。例如我们熟知的楚霸王项羽，宁肯在战场上流尽最后一滴血，也不愿意坐船返回江东。

生活总是充满困难，不管一个人多么富有、多么有才华，都难免会遇到挫折。有人会说，自己宁愿像陶渊明那样，"不为五斗米折腰"。然而陶渊明这样的人毕竟是少数，陶渊明辞官之后，也只能回乡耕田了，如果不是他的诗歌，后世的人将不会记住他。人们只会说："当初有个叫陶渊明的人，不愿意同流合污，于是辞官回乡种田了，一辈子也没有做出什么成就。"

人类社会不是非黑即白的，中间还有灰色地带，想要在有生之年做出点儿成就，就不能不识时务。所谓不识时务，就是不懂人情世故，眼睛里容不下沙子。这样的人，过于高傲，在困难面前很难有回旋的余地，这就是"过刚易折"的道理。

在困难面前低下头颅，不是什么可耻的事情。一个人若是处处强出头，就很容易成为众矢之的。只有做到能屈能伸，才能顺应时代潮流，成就一番大的事业。

所以，在该伸的时候伸，该屈的时候也要学会屈。遇到困难，先尝试着解决；万一不能解决，也不要逞强，要学会暂时地服软，以求得眼前的安全。

暂时的屈，是为了长远的利益，丢了面子又算什么？

[能屈能伸的刘邦]

在历史上的众多开国皇帝中，汉高祖刘邦给人们留下的印象是十分复杂的。有人说他名声不好，贪财好色，又爱耍无赖；有人却说他胸怀大志，气量非凡。究竟哪种说法才对呢？

其实，这些说法都对。刘邦的确不是一个道德标杆，但也正是这个原因，使得他做事不会钻牛角尖，始终审时度势，做出正确的选择。于是他才能聚齐萧何、张良、韩信、陈平等一众英雄人物，最后开辟大汉王朝。

刘邦是一个能屈能伸的人，他的人生其实并不顺利，其间经历过很多次挫折和失败。例如，秦末农民战争中，楚怀王曾说"先入关中者为王"，大家都以为项羽会先打进咸阳，谁知最后却是实力弱小的刘邦先进了咸阳。面对项羽的威胁，刘邦知道自己势单力薄，目前不是楚霸王项羽的对手，于是在鸿门宴上故意示弱，把项羽吹捧得很高，把自己贬得一无是处，又借助张良的关系，拉拢了项伯，这样才逃出生天。

后来项羽违背承诺，没有封刘邦为关中王，而是让他做汉中王，刘邦也没有反抗，只是默默地带人去了汉中，还烧毁了栈道，以此麻痹项羽。

还有一次，项羽的士兵抓住了刘邦的父亲，绑在城墙上，让刘邦出来受死。然而刘邦就是不出来。项羽命人架起一口大锅，威胁刘邦再不出来，就把刘老爷子煮成肉汤。刘邦却大喊："咱俩曾经结拜成兄弟，我爹就是你爹，你煮成了肉汤，记得分我一碗！"

项羽气极了，但也无计可施。

汉朝建立后，刘邦又带兵和匈奴发生了一场战争，结果被围困在白登山，最后又是靠着陈平的计策，贿赂了匈奴大单于的妻子，才逃出生天的。

刘邦靠着能屈能伸，躲过了一次又一次的杀身之祸，最终才成了一代帝王。

刘邦能屈能伸，尽管屡次失败，也能再次站起来，最后成为一代帝王；项羽不能受半点儿屈辱，尽管他是很多人心目中的"战神"，然而一次失败就逼得他乌江自刎。由此可见，能屈能伸才是正确的做法。

须知能屈能伸，不是让我们逆来顺受，而是为了日后的再次成功，是一种以退为进的策略。以退为进不是真退，退只是权宜之计，争取更大的成功才是目的。

在通往成功的道路上，总是充满了各种各样的困难。要想使自己立于不败之地，就要适应外界的变化，能屈能伸才是大丈夫。

当时机不成熟时，就要学会忍耐，耐心等待时机，不能贸然行动。勉强去做，有可能获得成功，但是失败的风险也很大。

人应当有尊严，但是不能太好面子。

如果太好面子，就会被情绪主导，成为情绪的奴隶，很难保持清醒的头脑。因此，我们要学会忍耐，用暂时的委屈保住自己的实力，等待转机的降临。

3 韦伯：不要暴露自己的真实意图

涉世未深的年轻人总是以真实面目示人，这样做的确十分真诚，但也可能会伤害自己。因为现实世界充满了可能性，有很多善良的人，也有很多潜在的危险。通常越是急切地想要证明自己，就越是容易受伤。你需要做的是为自己穿上一层"保护色"，以低调谨慎的态度示人，静静地等待时机来临。

想要出人头地，就要有志向，然而志向表现得太明显，又会被人认为是野心太大，有威胁性。因此在和别人交往时，我们需要留个心眼，不要让别人知道你的真实想法，因为当你的底细全部暴露出来时，可能会给自己带来意想不到的伤害。

老子在《道德经》中说："鱼不可脱于渊，国之利器不可以示人。"意思是，鱼不能离开水，离开了水就意味着离死不远了；国家的王牌武器也不能拿出来给别人看，否则离灭亡也就不远了。

尤其是在竞争激烈的商业领域内，隐藏真实意图已经成了颠扑不破的商业法则。经验告诉我们，大多数谈判是在最后不到百分之十的时间里达成协议的，而这不到百分之十的时间是决定整个谈判的走向的关键时刻。和别人谈合作，是一项耗费时间的工作。很多人喜欢快刀斩乱麻，迅速得出谈判结果，然后风风火火地开展后续工作。但是过早地暴露自己的底牌，不一定是件好事。要知道，谈判不力带来的后果是非常严重的，它很有可能使整个公司的心血白费。所有人员长时间的努力，怎么能够这样轻易地对待呢？

[给他人说话的机会]

费城电气公司的韦伯先生正在宾夕法尼亚州一个富庶的地区进行考察。他经过一户整洁的农家时，问该区的代表："这些人为什么不爱用电？"

代表很烦恼地说："他们都是些守财奴，你绝不可能卖给他们任何东西。而且他们很讨厌电气公司，我已经跟他们谈过，毫无希望。"

韦伯相信区代表所讲的，可是他愿意再尝试一次。他轻轻敲开一家农户的门，一位老人把门开了个小缝，探头出来看。

老人看到是电气公司的代表，很快把门关上了。韦伯又上前敲门，她再度把门打开，说不欢迎他们公司的人。

韦伯对老人说："我很抱歉打扰了你，我不是来向你推销电气的，我只是想买些鸡蛋。"

老人把门开得大了些，探头出来怀疑地望着韦伯。韦伯说："我看你养的都是多米尼克鸡，所以我想买一打新鲜的鸡蛋。"

老人把门又拉开了些，问道："你怎么知道我养的是多米尼克鸡？"她感到很好奇。

"我自己也养鸡，可是从没有见到过比这里更好的多米尼克鸡。"韦伯说。

老人怀疑地问："那你为什么不用你自己的鸡蛋？"

"因为我养的是来亨鸡，下的是白蛋。会烹调的都知道做蛋糕时白鸡蛋不如红鸡蛋好。我太太对她做蛋糕的技术总是感到很自豪。"

老人听到这儿，才放心地走出来，态度也温和了许多。同时韦伯看到她的院子里有座很好的牛奶棚，便问道："我可以打赌，你养鸡赚来的钱比你丈夫那座牛奶棚赚的钱多。"

她听到这句话很高兴，肯定了韦伯的话，还抱怨她那个顽固的丈夫不肯承认这件事。接着，她又邀请韦伯去参观她的鸡房。在参观的同时，韦伯满心真诚地称赞起她的养鸡技术，还向她请教了许多问题，一起探讨并分享了养鸡的经验。

后来，老人谈到了另外一件事，她说有几位邻居都在鸡房里安装了电灯，并说有很好的效果。她征求韦伯的意见，问如果用电的话是否划得来。

两星期后，老人鸡房里的多米尼克鸡在电灯的光亮下跳着、叫着。韦伯做成了这笔交易，老人得到了更多的鸡蛋，双方皆大欢喜。

　　从这个故事中，我们可以发现一个道理：在交谈的过程中，要做的是投其所好，给他人说话的机会，以摸清对方的底牌，而不是过早地暴露自己的底牌。这说起来容易，做起来很难，需要对心理学的深刻理解以及丰富的沟通经验才能做到。有时，我们自认为发现了对方的"底牌"，其实那只是一个假象，距离真相还远得很。沟通本来就是一个需要长期坚持的过程，我们可以通过一些虚虚实实的小技巧来试探对方，摸清对方的底牌。

　　通常，在和别人沟通时，我们是不愿意产生正面冲突的，因此最好是旁敲侧击，在不知不觉中了解对方的底牌。例如，在沟通的过程中，主人那一方会极力表现自己的热情与好客，将客人的生活和工作安排得十分周到，偶尔还会盛情邀请客人参加晚宴，或者外出旅游。正当客人沾沾自喜的时候，主人便会向客人询问对一些小事的看法，通过这种方式，了解客人的思维模式，进而推预测客人的底牌是什么。

　　不过，上面那种迂回询问的情况毕竟是少数，沟通大多是在短时间内完成的。我们很难想象一个街头小贩为了几块钱的生意，和顾客讨价还价几小时。在这种情况下，人们更喜欢三言两语达成协议，他们会主动抛出一些带有挑衅性的话题，刺激对方表态，再根据对方的反应，推测出对方的底牌。例如，客人向小贩询问价格，小贩无法确认客人能够承受的价位是多少，于是小贩说："我卖的东西都是货真价实的，一分钱一分货，就看你想要什么样的了。"只要客人一接话，就很容易暴露自己的真实想法。

4 杨修：要聪明，但是不要太精明

郑板桥有一句传世名言："难得糊涂。"年轻时，很难理解这句话，以为人就是应该越聪明越好，越聪明得到的东西就越多。随着年龄增长，阅历增多，才慢慢理解了其中的深意。聪明固然是好事，然而聪明过了头，就变成了精明。

"聪明"和"精明"，仅仅相差一个字，但是其中的内涵大不一样。如果一个人被众人称为"精明"，可不是什么好事，因为"精明"这个词语，给人的印象是富有侵略性的，喜欢斤斤计较，追求眼前的利益，甚至会抢夺别人的利益。因此，精明并不是真正的聪明，反而是一种"小聪明"的表现。

《红楼梦》中的王熙凤被评价为"机关算尽太聪明，反误了卿卿性命"。王熙凤就是一个典型的精明人，她凭借着贾母的宠爱和自身强大的家庭背景，处处都要和别人争，最后的结局却很不好。

世界上有很多聪明人，但是聪明过了头，就成了聪明反被聪明误。许多大老板，平日里总是笑呵呵的，看起来很憨厚，甚至会让你感觉还不如自己聪明，但这或许就是他们的生存哲学。

如果不想活得太累，就应该学会藏拙，该聪明的时候聪明，该糊涂的时候就装糊涂，这才是真正的大智慧。真正聪明的人都是"大智若愚"的。他们不显山不露水，却往往能够赢得人们的信任，干出一番事业。处处都要和别人争，显得自己最聪明，这样的人锋芒太盛，是很容易得罪人的。

[精明的杨修]

三国时期的杨修是一名博学多才的文学家，他非常聪明，总是能够通过一些微小的细节，准确读出别人的心理活动。

有一次，曹操让人修建了一座花园，手下问他是否满意，曹操没有说话，只是拿笔在门上写了一个"活"字。在场的人都感到莫名其妙，不知道曹操到底是什么意思。这时，杨修站出来说："'门'里加个'活'字，就是'阔'。丞相是说大门太窄了，要你们把门修大点儿。"

众人一听，好像是这么个道理，于是把门拆了，重新修整了一遍。过了几天，曹操又来了，发现大门被修整了，于是询问："是谁领会了我的意思？"手下回答说是杨修。曹操听了，什么也没有说就走了。

还有一次，有人送给曹操一盒点心，曹操在盒子上写了"一合酥"三个字。大家都不知道其中的含义，因此没人敢动。等到杨修回来时，大家将这件事告诉了他。杨修只是略一思索，就拿起点心吃了一口，说："'一盒酥'就是'一人一口酥'，丞相让我们每人吃一口。"

杨修几次读出曹操的想法，但是并没有获得曹操的好感。之后在与刘备的战斗中，魏军和蜀军陷入了僵持的局面。晚上吃饭时，恰好军士来请求当晚的口令，曹操看着碗中的鸡肋，就随口说"鸡肋"。军士们听说以后，都感到很奇怪。杨修却再一次听懂了，他说："鸡肋，食之无味，弃之可惜。这说明不久后就要退兵了，我们还是早点儿收拾东西吧。"

面对杨修的精明，曹操终于发怒了，他以扰乱军心为借口，下令把杨修杀了。

制胜谋略

杨修无疑是一个聪明的人，但是他把自己的聪明表现过头了，数次挑战曹操的权威，让自己看起来比曹操更聪明。如果面对的是普通人，或许不会有事，但是曹操作为政治集团的首领，是不允许别人挑战自己的权威的，因此这是一种非常危险的举动。

我们的身边有很多与杨修类似的人，他们一旦有了一点儿成绩，就迫不及待地展现出来，生怕别人看不到。然而，这种自以为是的小聪明固然可以让很多人喜欢自己，却也很容易引起别人的嫉妒。"君以此兴，必以此亡"，说的就是这个道理。在生活中，我们应该努力避免这种精明的举动，多观察、多思考、多做事，但是要少说话。

　　有一句话叫"看破不说破"，这是一种修养，也是一种能力。人都是爱面子的，你给别人面子，别人才会给你面子。只有人际关系和谐了，才会事事顺畅。如果有一个人，不管是谁跟他在一起，都感觉很舒服，但他有时却看起来笨笨的，那么请相信他一定不是真的笨，而是有大智慧。

5 冒顿单于：保存实力，静待对方犯错

李世民曾经和李靖有过一次谈话。李世民说："我读了很多兵书，发现它们的原理都可以总结成'多方以误'。"意思就是，想尽各种办法，引诱对方做出误判，然后犯错，把破绽露出来。作为"大唐军神"的李靖，当然也懂这个道理，他说："没错，打仗就像下棋，一步走错，满盘皆输。"

要想立于不败之地，首先自己不能犯错。在竞争的过程中，我方始终保存实力，不做过多消耗，等待对方犯错。这其实是一种掌握作战主动权的方法。

这其实就是《孙子兵法》中的思想："故善战者，致人而不致于人。"意思是，会打仗的人，能够调动敌人，让敌人犯错，而不是被敌人牵着鼻子走。《孙子兵法》中一共讲了十二条诡道，而这些诡道的目的只有一个，就是引诱对方犯错。让对方犯错，我方更容易

击败他，付出的成本却更少了。

人的智力差距，其实没有我们想象中那么高，毕竟能够成为对手的，都是经过无数次磨炼的，实力和智慧都不缺。遇到这样的对手，要想战胜他们，很少能出奇迹，只能在一步步的交手中，逐渐抓住对方的漏洞。很多时候，比赛获胜不是看谁更优秀，而是看谁犯错更少。

[白登之围]

公元前201年，匈奴的冒顿单于带兵向南攻打汉朝，沿途一路劫掠，使汉朝百姓陷入水深火热中。为了抗击外敌的入侵，汉高祖刘邦决定亲自带兵，去和匈奴作战。

当时，刘邦派了很多使者，名义上去和匈奴和谈，实际上是去查看匈奴的虚实的。然而冒顿单于轻松识破了，并且将计就计：他把匈奴的精锐部队都隐藏起来，让汉朝的使者看到的都是老弱病残。使者们回来以后，都说匈奴士兵的战斗力很低，根本不是汉军的对手。慢慢地，刘邦也放松了警惕。

刘邦派出的最后一个使者，名叫刘敬。刘敬去了很久，都没有回来，让刘邦等得很不耐烦。最后刘敬回来了，刘邦问他匈奴是不是很弱小，刘敬却说："两国开战，正是炫耀武力、威慑对方的时候，可是我到了匈奴，却只看到老弱病残，这显然是匈奴故意给我们看的。我们要是出兵，肯定会中埋伏。"刘邦根本听不进刘敬的劝告，骂道："胡说八道，破坏我军斗志，罪在不赦。"刘邦将刘敬囚禁在广武，然后率军北上。

刘邦的大军和匈奴兵发生了战斗，匈奴兵一路败退。刘邦还以为匈奴真的不堪一击，于是轻敌冒进，亲自带着几万人深入追击，结果中了匈奴人的埋伏，被重重围困在白登山上，眼看着就要全军覆没了。最后，还是陈平想出了一条计谋——他派人贿赂冒顿单于的妻子，让她帮忙说好话。冒顿单于也担心会被汉军的支援部队追上，于是放走了刘邦。

刘邦回去以后，马上放了刘敬，亲自向他道歉："我不听先生的话，才会被匈奴人包围。"他还封刘敬为建信侯，食邑二千户。那些之前说匈奴人很弱小的使者都被刘邦处死了。

制胜谋略

白登之围，可能是刘邦在战争生涯中，遇到的最危险的一次困境。冒顿单于正是利用计谋，引诱刘邦犯错，才能用极小的代价，将汉军团团包围的。

在商业竞争中，这种方法也常被人使用。商业竞争的本质就是优胜劣汰，同行越强大，就会迫使我们越强大，否则就会被淘汰出局。我们应该勇敢地面对友商的竞争，接受挑战。但是与此同时，我们也应该学会策略。

要击败对手，不一定要主动进攻，有时候耐心地等待时机，同样能帮助你达到目的。说白了，就是按照自己最擅长的方式去战斗，不做任何冒险的尝试。此时最需要的是耐心，而不是无法掩饰的求胜欲。我们的策略，就是耐心等待对手犯错。

6 曹操：放低姿态，赢取他人的好感

　　人们常说："水往低处流，人往高处走。"人们都想登上人生的巅峰。然而，中华传统文化告诉我们，人生还有另一种生存之道，那就是放低姿态，甘居人下。

　　站在高处，固然可以看到更多的风景，然而也会遭遇更凛冽的寒风。要知道，"高处不胜寒"。

　　站在低处，看到的风景不多，却可以减少生存的阻力。自行车赛场上的选手，都是压低身子，弯腰前行的。跑车的外形也是把重心下移，尽量减少风阻。人生在世，也是一样的道理。古人说："水因善下终归海，山不争高自成峰。"以低姿态示人的，往往更容易受到欢迎，人们会认为他谦虚、接地气。

　　自然界里，动物们同样是低姿态的践行者。狮子的皮毛的颜色近似枯草的，它们可以潜伏在草丛里，悄悄向猎物靠近；海豚可以通过超声波进行定位和通信，以便在海洋里生存；蜥蜴可以改变皮肤的颜色和纹理，以便与周围的环境完美融合……可见，低姿态不是人类的专属，低姿态的生存哲学，是被众多生物所证明的。

放低姿态是一种优秀的品格，也是风度的体现，更是竞争中的一种谋略。放低姿态，就意味着以宽容的态度示人，向别人表现出谦虚的美德；人们只有看到了你的低姿态，才会愿意相信你，因此这是我们走向成功的基础。

[低姿态的曹操]

在很多人的印象中，曹操是个威震一方的枭雄，他性格强硬、手段毒辣，同时又知人善任、尊重人才。其实，曹操也有放低姿态的时候。

宛城之战中，曹操的长子曹昂、侄子曹安明、大将典韦都死在了战场上。曹操的妻子丁氏为此非常伤心，她经常哭着责怪曹操："将我儿杀之，都不复念。"意思是"你把我儿子害死了，我这辈子没有念想了"。面对哭个不停的丁氏，曹操心烦意乱，一怒之下，把丁氏遣送回娘家了。

过了一段时间，曹操的气消了，又亲自去请丁氏。然而面对曹操低声细语的请求，丁氏始终不肯原谅他，只顾着继续织布。曹操请了好几次，都没能成功，最后无奈地和丁氏离婚了。

在官渡之战中，曹操亲自率军，和袁绍的军队陷入苦战，很久都没分出胜负。正好此时许攸离开袁绍，前来投奔曹操，曹操连鞋子都没穿，就跑出军营去迎接许攸。

曹操曾经写过一首《短歌行》，他在诗里写道："月明星稀，乌鹊南飞。绕树三匝，何枝可依？山不厌高，海不厌深。周公吐哺，天下归心。"翻译成白话文就是，月光明亮，星光稀疏，一群乌鹊向南飞去，它们绕树飞了三圈，却没有停下，哪里才是它们的栖身之所？不拒绝土石，才会成为大山；不拒绝流水，才能成为大海；我愿意像周公一样，希望天下的人都能归心。曹操把自己比作周公，愿意以礼贤下士的态度接纳每一位人才，这同样是一种低姿态。

吕蒙偷袭荆州，杀了关羽以后，孙权命人把关羽的头颅放在木盒中，送给了曹操。面对这位亦敌亦友的故交，曹操没有任何侮辱的行为，而是命人把关羽的首级配上香木刻成的身躯，然后以大臣之礼隆重安葬，并且亲自带领百官，为关羽送葬，姿态可谓极低。

制胜谋略

做人是一门学问，也是一门艺术。很多时候我们应该学会低头，不张扬、不轻狂，不露锋芒地做人、做事。要知道，一时的低头是为了今后的抬头。懂得放低自己，保持低姿态，这是一种做人的原则。也只有这样，才能使自己在社会中的地位更加稳固，减少那些来自他人的伤害。

年轻人涉世未深，面对繁华的大千世界，总是会感到不知所措。这时应当放低姿态，用谦虚谨慎的态度和人交往，去听听过来人的意见和建议，他们或许会告诉你人生的经验和陷阱。有时，一句善意的忠告就能让你少走很多弯路。

老年人也需要放低姿态，岁月的洗礼让我们身心俱疲。身体机能的下降，限制了我们的行动能力；心态的老化，则会让我们对人生感到灰心和失望。此时唯有放低姿态，用和蔼可亲的态度和人交流，才能获得别人的尊敬，生活也才能重新拥有色彩。